TEORÍA CLÁSICA DE CONTROL AUTOMÁTICO

Gabriel Vinicio Moreano Sánchez

Julio César Tafur Sotelo

Angel Anderson Sánchez Oñate

Marcombo

Teoría clásica de control automático

© 2024 Gabriel Vinicio Moreano Sánchez, Julio Tafur Sotelo y Ángel Sánchez Oñate

Docentes de la Escuela Superior Politécnica de Chimborazo (ESPOCH) y de la
Pontificia Universidad Católica de Perú (PUCP)

Primera edición, 2024

© 2024 MARCOMBO, S. L.
www.marcombo.com

Ilustración de cubierta: Jotaká
Revisión técnica: Edisson Fernando Calderón y Álex Tenicota
Corrección: José López
Directora de producción: M.ª Rosa Castillo

ISBN: 978-84-267-3801-1
D.L.: B 4702-2024

Impreso en Arteos
Printed in Spain

Libro ecológico
Impreso con papel procedente de bosques gestionados
de manera eficiente, libre de cloro

Índice general

Capítulo 1

Introducción al control automático

Los sistemas de control automático son una parte fundamental de nuestra vida cotidiana. A menudo, pasan desapercibidos, trabajando en segundo plano para garantizar que todo funcione de manera eficiente y sin problemas. Desde el termostato que regula la temperatura de nuestro hogar hasta los sistemas de control de tráfico que gestionan el flujo de vehículos en nuestras ciudades, los sistemas de control automático están presentes en innumerables aplicaciones y desempeñan un papel crucial en nuestra sociedad.

Pero ¿qué son realmente los sistemas de control automático? En esencia, **son sistemas diseñados para regular o mantener una variable o un conjunto de variables en un estado deseado.** Esto puede aplicarse a una amplia gama de sistemas, desde electrodomésticos simples hasta procesos industriales complejos. En este libro, exploraremos en detalle los principios fundamentales de los sistemas de control automático, desde sus conceptos básicos hasta aplicaciones avanzadas.

Definición: La RAE define los conceptos de control y automática como:

Control: «Regulación o intervención sobre el funcionamiento de un sistema»

> **Automática:** «Dicho de un mecanismo o de un aparato;
>
> que funciona en todo o en parte por sí solo»

A partir de estas definiciones podemos decir que el control automático es la intervención propia de un sistema sobre su funcionamiento para su operación, independiente de la intervención de un operador humano.

1.1. Importancia de los sistemas de control

En la era actual, en la que la demanda de precisión y eficiencia es insaciable, los sistemas de control se han convertido en una herramienta indispensable. Imaginemos por un momento un mundo sin sistemas de control: la producción industrial se volvería caótica, la navegación aérea sería insegura, los vehículos automotores serían inmanejables y la estabilidad de los sistemas de energía eléctrica estaría en peligro constante. Los sistemas de control proporcionan el equilibrio y la estabilidad en un mundo impulsado por la tecnología.

Algunos de los aspectos clave de su importancia incluyen:

- **Eficiencia energética:** Los sistemas de control automático pueden optimizar el uso de recursos, como la energía. Por ejemplo, un termostato inteligente puede ajustar automáticamente la temperatura de una habitación para ahorrar energía cuando no esté ocupada.

- **Calidad y consistencia en la producción:** En la industria, los sistemas de control automático garantizan que los productos sean consistentes en términos de calidad y especificaciones. Esto es esencial para la fabricación de productos de alta calidad.

- **Seguridad:** En aplicaciones críticas, como la aviación y la medicina, los sistemas de control automático desempeñan un papel vital en la seguridad. Ayudan a prevenir errores humanos y garantizan un funcionamiento seguro y fiable.

- **Automatización industrial:** La automatización de procesos industriales mediante sistemas de control automático mejora la productividad, reduce los costos laborales y minimiza los riesgos para los trabajadores.

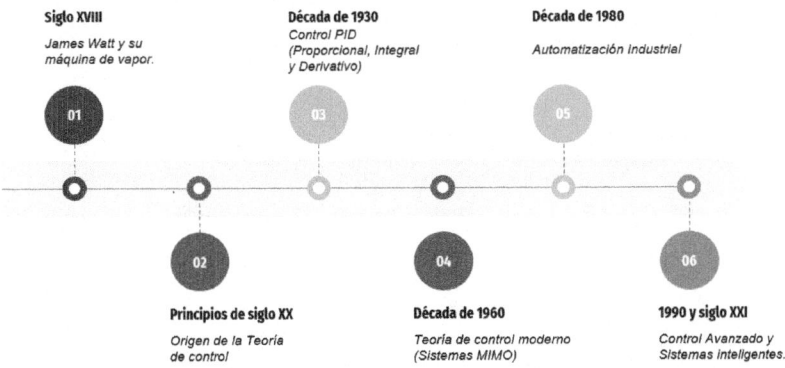

Figura 1.1: Hitos más importantes en la evolución de los sistemas de control.

1.2. Antecedentes históricos

Al hablar de regulación automática, el ejemplo más claro y antiguo es el organismo humano. Nuestros órganos trabajan incansablemente para mantener ciertos parámetros que nos ayuden a mantener el equilibrio de nuestro organismo, por ejemplo: el nivel de azúcar en la sangre o la regulación de nuestra pupila ocular o la regulación térmica.

A nivel industrial los sistemas de control automático han experimentado una evolución significativa a lo largo de la historia (ver figura 1.1), siempre intentando depender menos de un operador humano. Algunos del hitos más importantes en esta evolución son:

1. **La gobernación centrífuga de James Watt - siglo XVIII.-** El control automático dio sus primeros pasos a nivel industrial mediante la incorporación del regulador centrífugo de velocidad elaborado por James Watt en colaboración con Matthew Boulton, con el fin de controlar la velocidad de la máquina de vapor, lo que dio resultados de optimización de combustible. Esto se dio en el auge de la Revolución Industrial de ese entonces.

2. **Teoría de control - Principios del siglo XX.-** La teoría de control comenzó a tomar forma gracias al trabajo de ingenieros y matemáticos como Nicolas Minorsky, que en 1922 demostró la estabilización de sistemas mediante el uso de ecuaciones diferenciales al trabajar en el procedimiento de controladores automáticos en el guiado de embarcaciones para la Armada de los Estados Unidos. En 1932, Harry Nyquist resuelve el problema de estabilidad de un sistema de lazo cerrado mediante un procedimiento

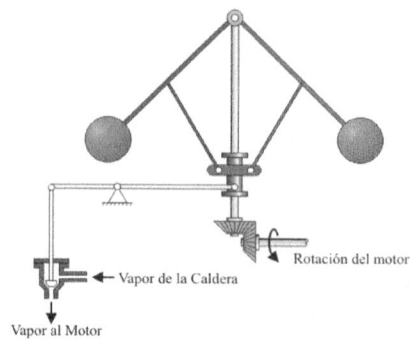

Figura 1.2: Regulador centrífugo de Watt. Recuperado de:
http://www.juntadeandalucia.es/averroes/centros-
tic/21700290/helvia/aula/archivos/repositorio/0/46/html/intro.html.

relativamente simple en el que, a partir de un lazo abierto a entradas sinu-
soidales en estado estacionario, partiendo de la premisade que el circuito
se dice estable cuando una pequeña perturbación, que se va desvanecien-
do, resulta en una respuesta que se desvanece. Se dice que es inestable
cuando tal perturbación resulta en una respuesta que crece indefinidamen-
te.

3. **El control PID - Década de 1930.-** A la entrada de la década de los 40
   los diagramas de Bode enfocados en los métodos de la respuesta en frecuencia hacen posible a investigadores e ingenieros diseñar sistemas de
   control lineales en lazo cerrado que cumplan los requerimientos de diseño.
   Los controladores PID (proporcional-integral-derivativo, ver figura 1.3) se
   convirtieron en una herramienta esencial en la automatización industrial.
   Estos controladores proporcionaron una forma eficaz de mantener variables como la temperatura y la presión bajo control. Su simplicidad y eficacia
   los convirtieron en una tecnología ampliamente utilizada que sigue siendo
   relevante en la actualidad.

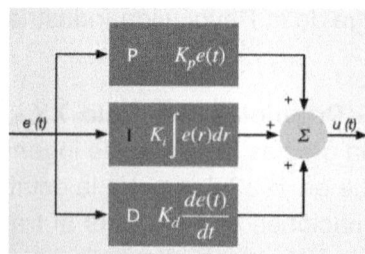

Figura 1.3: Diagrama de bloques de un controlador PID.

4. **Teoría de control moderno - Década de 1960.-** Hasta este punto de la historia el modelado matemático y respuestas de sistemas, métodos de sintonización y lugar geométrico de las raíces, son las bases de la teoría del control clásico que satisfacen a escenarios con condiciones más o menos arbitrarias. Sin embargo, a medida que avanza el tiempo, la teoría de control se enfrenta a nuevos obstáculos tales como las nuevas plantas de producción, en las cuales la teoría de control clásico no es suficiente debido a sus limitaciones de aplicación.

Así, en los años aproximados a 1960 se sientan las bases de la teoría de control moderna, la cual centra sus estudios en satisfacer sistemas de control que tienen entradas y salidas múltiples. Para satisfacer las necesidades y requisitos de las nuevas plantas de producción, la disponibilidad de las computadoras digitales fue clave en la ejecución y controlabilidad de estos sistemas de entradas y salidas múltiples, a través de las herramientas matemáticas basadas en la síntesis de variables de estado y centrarse en el dominio del tiempo de sistemas complejos.

Desde 1960 hasta 1980 la teoría del control moderno se centró en la resolución de sistemas determinísticos, así como el control adaptativo y aprendizaje de sistemas complejos. Esto se logra a base de la resolución de sistemas de ecuaciones diferenciales y su análisis en el dominio temporal. La ventaja que ofrece este tipo de control es que su diseño y modelado matemático se centra en la proximidad del sistema a lo más real posible. Así surge el problema de estabilización de este tipo de sistemas, por lo que el controlador de este se diseña en la medida del error, es decir, que la validación de un sistema se define su estabilidad. Entonces se puede decir po que el error que existe entre las medidas reales y las esperadas del modelo matemático deben estar dentro de un rango de aproximación. Si la medida del sistema se establece dentro del rango de error se dice que el sistema es estable.

5. **Automatización industrial - Década de 1980.-** Con el surgimiento de los controladores lógicos programables o PLC (ver figura 1.4) se generó una nueva revolución dentro de la automatización industrial, permitiendo la programación y el control de procesos complejos mediante la lógica digital y los sistemas de control distribuidos (DCS). A la par se generaliza la utilización de robots industriales en la manufactura, que incluyen sistemas de control automático, realizando tareas repetitivas y peligrosas con precisión y rapidez.

Figura 1.4: Ejemplo de un controlador lógico programable o PLC.

6. **Control avanzado y sistemas inteligentes - Década de 1990 y siglo XXI.-** Si bien la teoría de control moderno y el control robusto proporcionan herramientas muy poderosas de control para sistemas complejos y en algunos casos no lineales. La matemática utilizada presenta un grado de conocimiento muy elevado; además, tanto la teoría clásica como la teoría moderna de control basan su estudio en el modelado de sistemas, modelos que siempre son aproximados. Es así como la evolución de teorías como las redes neuronales, la lógica difusa y los algoritmos de optimización dan el surgimiento a nuevas estrategias de control llamado **control inteligente**, con el que se pretende entender y regular el comportamiento de un sistema sin necesidad de un modelo matemático. La inteligencia artificial y el aprendizaje automático también han comenzado a desempeñar un papel importante en el control automático, permitiendo sistemas más adaptables y autónomos. En la figura 1.5 se muestra un ejemplo de la estructura de una red neuronal básica.

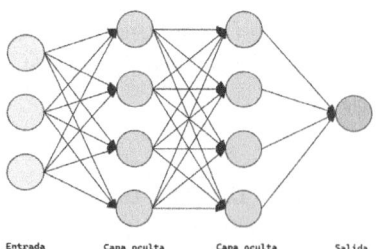

Figura 1.5: Estructura de una red neuronal de 2 capas intermedias.

1.3. Ejemplos prácticos de sistemas de control

Como ya se ha mencionado, la automática se define como la ciencia de procedimientos y métodos cuyo objetivo o finalidad es la reemplazar al ser humano como operador en tareas repetitivas que pueden generar a lo largo del tiempo desgaste en este. Esto se logra mediante la inserción de un operador artificial vinculado a accesorios, sensores y actuadores específicos que suplan y opticen las funcionalidades que tendría un operador humano en la ejecución (no necesariamente el sistema tiene que parecerse al operador en sí mismo, simplemente este tiene que cumplir correctamente estas funciones).

Pese al desarrollo del campo de control y regulación automática, aún es un campo de estudio por desarrollar, debido a que, si algo ha demostrado el tiempo, es que cuantos más descubrimientos existan, más preguntas habrá en el camino.

A continuación, algunos pocos ejemplos de aplicación de los sistemas de control:

- **Control de la dirección de un automóvil:** Un sistema de control de dirección de automóvil utiliza sensores, actuadores y un controlador para manejar la dirección. Los sensores miden la velocidad, el ángulo de dirección y las condiciones de la carretera, y el controlador utiliza esta información para ajustar los actuadores, que son los componentes que controlan la dirección, como la cremallera y el piñón de la dirección. Esto permite que el sistema mantenga el ángulo de dirección deseado incluso en presencia de perturbaciones, como cambios en la superficie de la carretera o ráfagas de viento. El sistema de control de la dirección del automóvil también se está volviendo cada vez más sofisticado, con la introducción de nuevas tecnologías como la dirección asistida eléctrica (EPS) y la dirección activa.

- **Control del seguimiento del sol:** El control de seguimiento solar es un sistema que orienta automáticamente un panel u otro dispositivo solar hacia el sol. Esto permite que el dispositivo solar recopile la máxima cantidad de luz solar y genere la máxima cantidad de energía eléctrica. Los sistemas de seguimiento de un solo eje que rastrean el movimiento del sol a través del cielo girando el panel solar en un solo eje, generalmente el eje este-oeste. Esto asegura que el panel solar esté siempre orientado hacia el sol, independientemente de la hora del día. Existen también sistemas de seguimiento de doble eje rastrean el movimiento del sol a través del cielo girando el panel solar en dos ejes, el eje este-oeste y el eje norte-sur.

- **Control de manos robóticas:** El control manual robótico es el proceso de controlar los movimientos de una mano robótica. Esto se puede hacer de

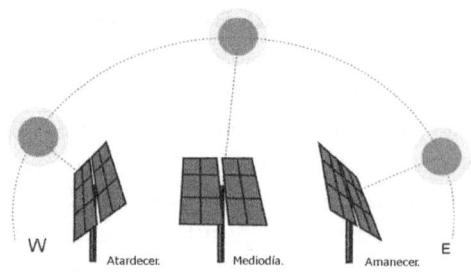

Figura 1.6: Ejemplo de un panel solar con control de seguimiento.

varias maneras, según la aplicación y las capacidades de la mano robótica. Algunos métodos comunes de control manual robótico incluyen:

- **En el control directo**, el usuario controla la posición y el movimiento de la mano robótica mediante un dispositivo de teleoperación de entrada. Este es el método de control más simple, pero puede ser impreciso, y también puede ser agotador para el usuario. Luego, el usuario puede controlar la mano robótica moviendo sus manos en el entorno virtual. Este método de control puede ser más intuitivo que el control directo, pero requiere el uso de equipos de realidad virtual.

- **Control de aprendizaje automático (ML):** El control de ML utiliza algoritmos de aprendizaje automático para controlar la mano robótica. Una vez que se entrenan los algoritmos, se pueden usar para controlar la mano robótica en tiempo real. Este método de control puede ser muy preciso y también se puede utilizar para controlar la mano robótica en entornos difíciles o peligrosos. El mejor método de control para una mano robótica particular depende de la aplicación.

- **Sistemas de transporte autónomo (ATS):** Los ATS son sistemas de transporte que operan sin intervención humana. Utilizan una variedad de sensores y software para navegar y evitar obstáculos.

  - **Vehículos autónomos (AV):** Los AV son vehículos que pueden conducirse solos sin intervención humana. («Autos sin conductor: los beneficios y desafíos») Utilizan una variedad de sensores, como cámaras y radares, para navegar y evitar obstáculos. Los AV aún se encuentran en las primeras etapas de desarrollo, pero tienen el potencial de revolucionar el transporte.

  - **Vehículos aéreos no tripulados (UAV):** Los UAV son aeronaves que pueden volar por sí mismas sin intervención humana. Los UAV son más maduros que los AV, pero aún tienen capacidades limitadas.

- **Trenes autónomos:** Los trenes autónomos pueden operar sin intervención humana. Utilizan una variedad de sensores, como cámaras y radares, para navegar y evitar obstáculos. Los trenes autónomos son más maduros que los AV y los UAV, y ya se están utilizando en algunos países, generalmente utilizando algoritmos de control de lógica difusa.

- **Robots industriales:** Los robots industriales son máquinas automatizadas que se utilizan para realizar tareas en una fábrica u otro entorno industrial.

  - Robots SCARA: son un tipo de robot articulado diseñado específicamente para aplicaciones de recoger y colocar (pick & place), en la figura 1.7 se puede ver un ejemplo de este tipo de robots.

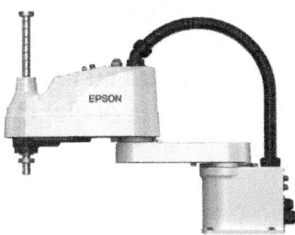

Figura 1.7: Ejemplo de un robot SCARA.

Los robots industriales se utilizan en una amplia variedad de industrias, que incluyen:

- Fabricación: Los robots industriales se utilizan en la fabricación para automatizar tareas como soldadura, pintura y montaje.
- Alimentos y bebidas: Los robots industriales se utilizan en la industria de alimentos y bebidas para automatizar tareas como el envasado y la clasificación de productos alimenticios.
- Cuidado de la salud: Los robots industriales se utilizan en el cuidado de la salud para automatizar tareas como la limpieza y la dispensación de medicamentos.

Hay que recordar que los sistemas mencionados anteriormente están enfocados a representar el término automática y que en mayor o menor rango cada una de estas tiene un nivel de automática, algunas en mayor nivel que otras.

9

1.4. Tipos de sistemas de control

Para comprender y diseñar sistemas de control de manera efectiva, es esencial familiarizarse con dos enfoques fundamentales: el control en lazo abierto y el control en lazo cerrado. Estos dos paradigmas representan dos enfoques contrastantes para lograr el control deseado en sistemas dinámicos, cada uno con sus ventajas y desafíos particulares. En esta introducción, exploraremos estos dos conceptos básicos en la clasificación de sistemas de control, sentando las bases para una comprensión más profunda de cómo funcionan y cuándo aplicar cada uno de ellos en diversas aplicaciones y escenarios.

- **Sistemas de control de lazo abierto:** Un sistema de control de lazo abierto es básicamente un sistema en el que los actuadores reciben una única señal u orden de entrada dada por el sistema de control; es decir, no recibe información de la variable de salida, tampoco estimará ni corregirá el error existente entre los resultados reales con los resultados deseados. Dicho de otro modo, el actuador ejecutará su tarea independientemente del error presente. La f igura. 1.8 representa el diagrama de bloques de un sistema de control en lazo abierto.

Figura 1.8: Control de lazo abierto.

En la práctica, si bien el contexto que se describe anteriormente no parece válido ni aplicable en la realidad, los sistemas de control de lazo abierto se encuentran todos los días en la vida cotidiana de cualquier persona. Un ejemplo claro son los hornos de las casas, donde el usuario marca un valor de temperatura deseado según una escala otorgada por el fabricante. El sistema opera sin considerar que puedan existir errores en la variable de salida. Para minimizar estos errores, los fabricantes deben hacer pruebas a estos sistemas antes de poder darlos por buenas. Las pruebas son múltiples, por lo que se considera manejar el error en escalas pequeñas y a sistemas en los cuales la exigencia no sea una demanda alta en la ejecución. Otro ejemplo claro son lavadoras, tostadoras, licuadoras, cocinas y procesos temporizados en general, debido a que todos estos solo reciben una señal de entrada, pero no devuelven una señal de salida que modifique o ajuste el error verificando que la tarea se ha cumplido; simplemente actúan según su funcionamiento.

Experimento simple para una mejor comprensión de un sistema de control de lazo abierto

Puedes realizar un experimento simple si tienes un regulador de intensidad en casa (dimmer). Espera a que oscurezca y apaga el regulador de luz, para dejar la habitación a oscuras. Cierre los ojos, encienda el regulador y manipule la intensidad de luz hasta donde creas que está el nivel mínimo aceptable para leer.

Figura 1.9: Experimento de sistema de control de lazo abierto.

Abre los ojos y comprueba lo bien que lo has hecho. Lo más probable es que no estés satisfecho con el nivel de luz porque el error de estado estacionario será demasiado grande. Tendrás que hacer una corrección en la intensidad de la luz para estar cómodo leyendo bajo la luz.

Las correcciones que has hecho en este experimento utilizando finalmente tus ojos ilustran un concepto importante. Un sistema de control en bucle abierto puede mejorarse si se sabe hasta qué punto su salida se ajusta a los requisitos de entrada. Con esta declaración, introduciremos otro tipo de sistema de control. En la figura 1.9 se puede observar un representación gráfica del experimento.

- **Sistemas de control de lazo cerrado o realimentados:** Un sistema de control de lazo cerrado es aquel donde la información de salida del proceso retorna hacia algún punto de lazo de control, generalmente hasta la entrada del sistema, donde se compara con un valor deseado de operación llamado set point o punto de consigna. Si el valor de la variable de salida del sistema se puede comparar con el valor deseado, se puede conocer la diferencia o error existente entre lo deseado y lo real, permitiendo tomar acciones de corrección para mejorar la precisión y eficiencia del sistema.

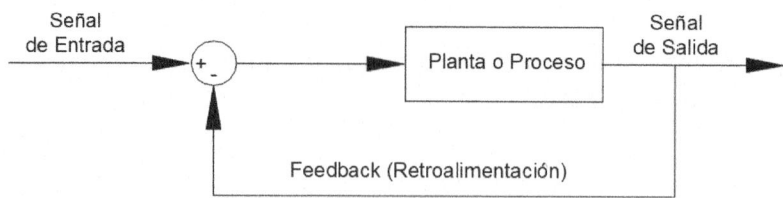

Figura 1.10: Control de lazo cerrado.

La información realimentada que generalmente proviene de un sensor que mide la variable de salida del proceso necesitará un preprocesamiento para poder compararse con el valor de set point, de tal forma que **ambas señales deben mantener las mismas unidades**. De mantenerse las mismas unidades entre la variable de salida y la variable comparable con el set point, se habla de una realimentación unitaria, la realimentación más común, la más documentada y utilizada en el ámbito de control. Conseguir esta condición es más sencillo si trabajamos directamente con dispositivos digitales.

Un ejemplo claro de un sistema de control en lazo cerrado es la regulación de brillo de la pantalla de los teléfonos celulares. Mediante la información de iluminación ambiental la pantalla brilla con mayor o menor intensidad, intentando ajustarse a un nivel óptimo de lectura para el usuario.

Experimento simple para una mejor comprensión de un sistema de control de lazo cerrado

Si repetimos el experimento anterior pero manteniendo la idea de un bucle cerrado, quiere decir que ahora la información nos retorna de alguna forma, en este caso mediante nuestra vista, por lo que no tendríamos que cerrar los ojos.Es decir, vamos a ajustar el nivel de intensidad de luz según sea nuestro requerimiento para poder leer.

Observe que el error en estado estacionario es ahora mucho menor. Pensamos que en realidad el error es cero, pero enseguida veremos que rara vez es así. Ciertamente, el control en bucle cerrado es una solución mejor en términos de precisión, pero tiene el coste de proporcionar elementos de control adicionales (en este caso, la visión), como se observa en la figura 1.11

Figura 1.11: Experimento de sistema de control de lazo cerrado.

Los sistemas de control de lazo cerrado son más complejos y costosos que los de lazo abierto, pero también son más precisos y pueden mantener una salida deseada con mayor precisión. Los sistemas de control de lazo abierto son más simples y económicos de implementar, pero también son menos precisos y pueden ser más susceptibles a las perturbaciones. Su precisión depende de la calibración de los instrumentos que componen el sistema.

El mejor tipo de sistema de control depende de la aplicación específica. Para aplicaciones en las que se requiere un control preciso, como la dirección automatizada o el control de procesos, normalmente se utiliza un sistema de control de lazo cerrado. Para aplicaciones en las que no se requiere un control preciso, como un termostato o un sistema de rociadores de césped, un sistema de control de lazo abierto puede ser eficiente.

1.5. Esquema de control en lazo cerrado

Antes de adentrarse en el diseño de un sistema de control, el lector debe conocer los componentes básicos que lo conforman. Esto es con el fin de recordar al diseñador que los sistemas de control están constituidos de varios tipos de elementos que cumplen una función específica dentro de este.

Para entender de mejor manera qué señales y sistemas componen un sistema de control en lazo cerrado, mantendremos la simbología clásica de la teoría de control, esto es, cada flecha de la figura 1.12 representa una señal y cada bloque o caja representa un sistema.

El bucle típico de control en lazo cerrado está compuesto de los siguientes sistemas:

- **Sistema que controlar o planta:** Dentro de un bucle abierto es el denominado sistema físico. Por lo general es aquello que se está controlando.

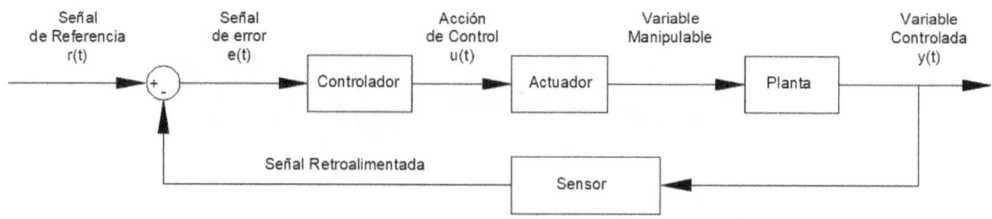

Figura 1.12: Diagrama de bloques de un sistema de control en lazo cerrado.

- **Comparador:** Normalmente forma parte de un sistema mayor, y es el encargado de comparar el valor deseado de referencia (set point) con el valor medido de lo que se produce y genera una señal de error.

  Por lo general el símbolo más utilizado para representar este complemento fundamental dentro de los sistemas de control es un elemento circular, en la que las dos señales que entran al círculo se suman o se restan considerando el signo presente en los costados de las señales.

- **Sensor:** Elemento o instrumento que transforma una física en otra variable física, eléctrica o neumática capaz de ser interpretada por otro instrumento. Es el encargado de medir el valor real del proceso y realimentar esta información.

- **Controlador o regulador:** Es el sistema que recibe una señal de error existente entre la señal de referencia y el valor medido por el sensor. Genera una señal correctiva, con la que activará al actuador del sistema.

- **Actuador:** Es el encargado de generar la acción física sobre el sistema; básicamente hace un cambio a fin de corregir o modificar la acción controlada. Recibe la señal de activación del controlador y modifica el comportamiento de la planta a fin de corregir la variable de salida.

Además de los sistemas, el bucle en lazo cerrado está compuesto por varias señales:

- **Señal de referencia o set Point ($r(t)$):** Entrada del sistema, fijada manualmente por un operador humano. Es el punto de operación deseado de la variable controlada.

- **Variable controlada ($y(t)$):** Se trata de la salida de la planta y de la variable que se desea controlar. A nivel industrial las variables de salida más comunes son: temperatura, presión, nivel, caudal y posición, entre otras.

- **Señal realimentada:** Medida de la variable controlada y convertida a unidades idénticas a las de la señal de referencia. Si la realimentación es unitaria la señal realimentada es igual a la variable controlada $y(t)$.

- **Señal de error** $(e(t))$**:** Es la diferencia entre las señales de referencia y la señal realimentada. Si la realimentación es unitaria se define como: $e(t) = r(t) - y(t)$.

- **Señal de control** $(u(t))$**:** La señal o acción de control es la variable obtenida del controlador que busca activar en mayor o menor grado el funcionamiento del actuador del sistema para regular la variable controlada.

- **Variable manipulada:** Se trata del grado de activación del actuador del sistema. En términos generales se trata de la variable que se puede regular manualmente en lazo abierto.

- **Perturbaciones:** Son alteraciones no consentidas que pueden afectar el comportamiento estático o dinámico de un sistema.

Ejemplo ilustrativo de un sistema de control en lazo cerrado

Los sistemas de control más documentados e incluso implementados a nivel industrial son los sistemas térmicos, debido a las múltiples tareas en las que se requiere regular la temperatura, como por ejemplo en reacciones químicas, en secado de productos, en conservación de alimentos, etc. Hablar de un sistema térmico es igualmente la mejor forma de entender las señales y los componentes de un sistema de control automático en lazo cerrado. En ese sentido tomaremos como ejemplo un horno regular de gas para secado de ciertos productos.

En la tabla 1.1 se pretende demostrar los componentes del horno a gas, donde el set point se ingresará o registrará mediante una botonera que incluya el sistema, y será la única señal generada por el usuario. Los sub sistemas y las señales intervinientes en el proceso serán:

Tabla 1.1: Componentes de un sistema de control automático de temperatura.

Sistema	Componente físico
Planta o proceso	La cámara del horno en sí, es la planta o proceso, ya que todo el dispositivo será el encargado de mantener una temperatura.

Planta o proceso	La cámara del horno en sí, es la planta o proceso, ya que todo el dispositivo será el encargado de mantener una temperatura.
Controlador	Puede ser un dispositivo reporgramable industrial tipo PLC o microprocesador.
Actuador	Una servoválvula que permita el ajuste de apertura desde un controlador industrial.
Sensor	Cualquier sensor de temperatura ideoneo para la aplicación. Ejemplo: termopar, RTD.

Mientras que las señales que intervienen en la operación del sistema de control serán:

Tabla 1.2: Señales de un sistema de control automático de temperatura.

Señal	Señal en el proceso
Referencia o set point	En este caso se trata de un valor de temperatura deseado. Regularmente el valor de set point es la única señal que genera el usuario y se puede marcar mediante cualquier dispositivo de entrada para sistemas informáticos como teclados, perillas, pantallas táctiles, mandos de voz, gestos, etc.
Variable controlada	Se trata de la temperatura existente en la cámara del horno.
Variable realimentada	Es la señal proveniente del sensor de temperatura. Si la realimentación es unitaria es idéntica a la variable controlada.
Señal de error	Es la diferencia existente entre el valor de referencia y la variable controlada, en este caso es una diferencia de temperaturas.

Acción de control	Siendo en este caso particular el actuador una servoválvula, la acción de control será una señal capaz de controlar el servomotor, por ejemplo, una señal PWM con características especiales para comandar un servomotor.
Variable manipulable	La variable que podemos manipular directamente mediante la activación de la servoválvula es el caudal del gas o el combustible con el que funcione el horno.

1.6. Estructura del libro

Este texto se ha desarrollado para ser una guía completa sobre la teoría clásica de los sistemas de control, desde un enfoque teórico combinado con prácticas simuladas en el software Matlab para que el aprendizaje sea más intuitivo. El texto está orientado tanto a docentes como a estudiantes de cualquier cátedra de control automático o teoría de sistemas, para que pueda ser un texto base en estos cursos. La lectura de este texto no quiere decir que se restringa la investigación de docentes y alumnos de otros textos de control, pero sí consideramos que es un texto bastante completo y resumido para un aprendizaje eficiente.

Este es un breve resumen de lo que se tratará en este libro:

- **Introducción:** En el capítulo 1, como hemos visto, se da una visión general sobre los conceptos de control y de automática, un recorrido rápido sobre la evolución de los sistemas de control y algunos ejemplos de actualidad. Además, se cubren los conceptos sobre los sistemas de control en lazo abierto y lazo cerrado, así como los componentes y las señales que forman parte de un sistema de control automático en lazo cerrado.

- **Sistemas y señales:** En el capítulo 2 se describe el concepto general de sistema, así como su clasificación general. También estudiamos qué es una señal, cuáles son las señales de prueba más conocidas y para qué se pueden utilizar, y las señales típicas de salida. Finalmente, se abordan los conceptos de lo que se denomina el álgebra de bloques.

- **La transformada de Laplace:** En el tercer capítulo se recuerda un poco de esta herramienta matemática, utilizada para resolver ecuaciones diferenciales lineales, así como los conceptos y propiedades de la transformada inversa de Laplace.

- **Modelado dinámico de sistemas:** Una de las etapas primordiales de la teoría clásica de control es la obtención de un modelo matemático de los sistemas para poder controlarlos más adelante. En el capitulo 4 se abordan los conceptos generales del modelado dinámico de sistemas mecánicos, eléctricos, electromecánico, térmicos e hidráulicos.

- **La respuesta temporal:** En el capítulo 5 se hablará de la repuesta en el dominio del tiempo que presentan los sistemas lineales modelados anteriormente. Una respuesta temporal está compuesta de dos etapas, la repuesta estacionaria y la repuesta transitoria. En este capítulo se hace referencia a una introducción de estos conceptos que se profundizan más adelante.

- **Capítulos 6, 7 y 8:** En estos capítulos nos centramos en el análisis de la respuesta temporal de sistemas lineales e invariantes en el tiempo de diferentes órdenes. El análisis eficiente de un determinado sistema es de gran importancia para que la momento de diseñar un controlador entendamos qué vamos a hacer y cómo lo vamos a hacer en base al comportamiento de un sistema.

- **Errores en régimen permanente:** El capítulo 9 se centra en entender de mejor manera la respuesta estacionaria de un sistema en lazo cerrado. Asociado a este concepto se define si un sistema posee errores en régimen permanente, que básicamente significa que un sistema puede estar o no cumpliendo con lo deseado por el usuario.

- **El lugar geométrico de las raíces:** En el capítulo 10 los autores profundizan en el estudio del lugar geométrico de las raíces, una herramienta fundamental en el análisis de sistemas de control dinámico. El lugar geométrico de las raíces proporciona una representación gráfica que ilustra cómo las raíces de la ecuación característica de un sistema varían en función de un parámetro específico.

- **Introducción a los sistemas de control:** En el capítulo 11 nos vamos a encontrar con la introducción a los conceptos de controladores automáticos desde el punto de vista de la teoría clásica de control, entendiendo cómo trabaja un sistema de control en lazo abierto y enlazo cerrado, cómo debería trabajar un controlador para que sea efectivo al cien por ciento, si esto es posible o no. Se verán los conceptos más básicos como el control ON-OFF, hasta pasar por las primeras estrategias de control como son las redes en adelanto y atraso.

- **El control PID:** En el capítulo 12 se aborda el tema del controlador automático más popular a nivel industrial, que es el control proporcional, integrador y derivativo. Analizaremos cada una de sus componentes, entendiendo qué función realiza cada uno para poder diseñar efectivamente este tipo de sistemas. Finalmente, se aborda la sintonización de este tipo de controladores mediante métodos analíticos, experimentales y procedimiento empíricos. Como parte adicional en este capítulo se mostrará cómo implementar un control PID en un microprocesador de propósito general.

Capítulo 2

Señales y sistemas

2.1. Señales

Una señal es la alteración de una magnitud física utilizada para la transferencia de información.

Existe una amplia clasificación para las señales dependiendo de la rama de estudio, el campo de aplicación y en general la información que se desee transmitir. A continuación se mencionarán algunas clasificaciones de las señales útiles para entender la teoría de control.

La primera es en continua y discretas. Las **señales continuas** cuentan con una magnitud bien definida en el tiempo. Su dominio al ser el tiempo se encontrará en el conjunto de los números reales, donde a un valor de tiempo le corresponderá un solo valor de la señal, y se representa en todo instante de tiempo.

Este tipo de señales se representan por funciones comunes o ecuaciones diferenciales donde la variable independiente es el tiempo. Por ejemplo, en la figura 2.1a se representa la función:

$$y(t) = u(t) - u(t - 5)$$

Donde $u(t)$ es una señal rampa simple.

Por su parte una **señal discreta** corresponde a una señal con un dominio en el tiempo, que solo se encuentra bien definido para ciertos instantes, pudiéndose representar como una secuencia.

Las señales discretas se expresan como ecuaciones en diferencias, como se puede ver la figura 2.1b donde se expresa la siguiente secuencia:

$$x[k] = \{0, 1, 2, 3, 4, 5, 5, 5, 5, 5, 5\}$$

Donde k es válido para los enteros entre 0 y 10.

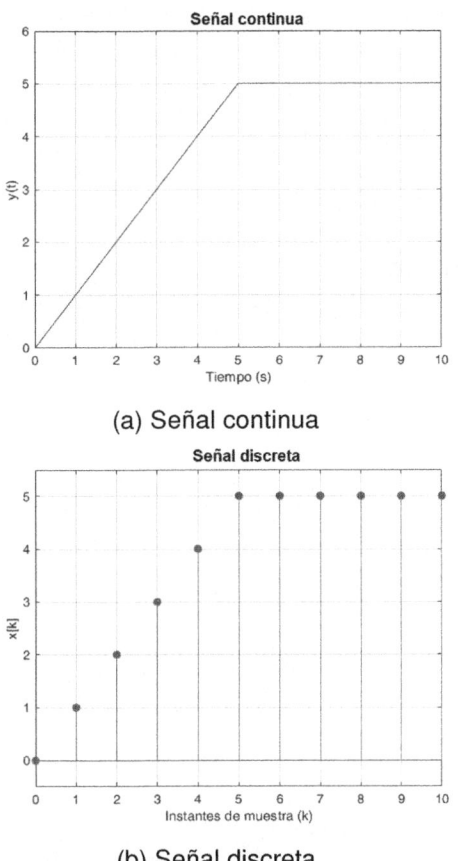

(a) Señal continua

(b) Señal discreta

Figura 2.1: Tipo de señales en función de su definición en el tiempo.

Ambas señales de la figura 2.1 representan la misma información; la diferencia es que la señal continua está bien definida en el tiempo y la señal discreta únicamente tiene correspondencia en los instantes muestreados.

En este texto utilizaremos solo señales continuas, ya que es la principal forma de trabajo dentro de la teoría clásica de control. Las señales discretas se utilizan en la teoría discreta de control, que maneja los mismos conceptos de la teoría clásica pero en un mundo digital.

2.2. Señales de prueba

Una señal de prueba es el tipo de entrada que se le da a un sistema. En muchos casos, las entradas reales de un sistema de control pueden variar con respecto al tiempo, por lo que se considera necesario el suponer distintos tipos de funciones de entrada para evaluar el comportamiento del sistema en respuesta a las señales de prueba, con el objetivo de diseñar un sistema de control que sea óptimo para un funcionamiento real. Por lo tanto, la señal de entrada que se le introduzca a un sistema corresponderá a una variable que nos proporcione información como, por ejemplo, un voltaje de entrada.

Los tipos de señal de prueba son:

Señal escalón unitario

La señal escalón unitario o paso unitario es una función discontinua definida por partes, como se puede ver la ecuación (2.1)

$$u(t) = \begin{cases} 1, & \forall t \geq a \\ 0, & \forall t < a \end{cases} \tag{2.1}$$

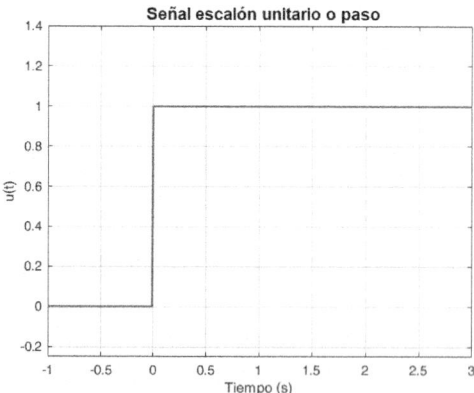

Figura 2.2: Gráfica de una señal de escalón unitario.

Este tipo de señal es útil para representar una transición que despierta la dinámica del sistema y también permite evaluar su condición en régimen permanente. Por ejemplo: una fuerza constante que actúa en un sistema mecánico o un voltaje que se aplique en un circuito eléctrico. Su gráfica se indica en la figura

2.2, donde $a = 0$.

Gráfica de una señal paso en MatLab

Para poder generar la señal paso de la figura 2.2 en Matlab se puede utilizar el siguiente código:

```
t = -1:0.01:3;
u = t>=0;
plot(t,u,'linewidth',1.5)
title('SEÑAL PASO UNITARIO');
axis([-1 3 -0.25 1.5])
xlabel('Tiempo (s)');
ylabel('u(t)')
grid on;
```

Gráfica de una señal paso en Simulink

Para generar señales continuas en Simulink (extensión de Matlab), utilizaremos la fuente de señales continuas en el gestor de bibliotecas. Posteriormente seleccionamos el bloque **step** que se refiere a la señal paso unitario. La configuración de este bloque se ve en la figura 2.3b, donde se muestra el valor inicial del paso y el valor numérico del escalón. Si se requiere visualizar alguna señal en Simulink utilizaremos el bloque **scope**, que simula un visualizador de señales.

Señal rampa unitaria

La función rampa unitaria es una señal continua con variación constante con respecto al tiempo que se incrementará desde un $t = a$ con una pendiente unitaria, por lo que arrojará valores iguales al tiempo transcurrido. La función se define por partes como se muestra en la ecuación (2.2), donde m es la pendiente de la rampa.

$$u(t) = \begin{cases} mt, & \forall t \geq a \\ 0, & \forall t < a \end{cases} \qquad (2.2)$$

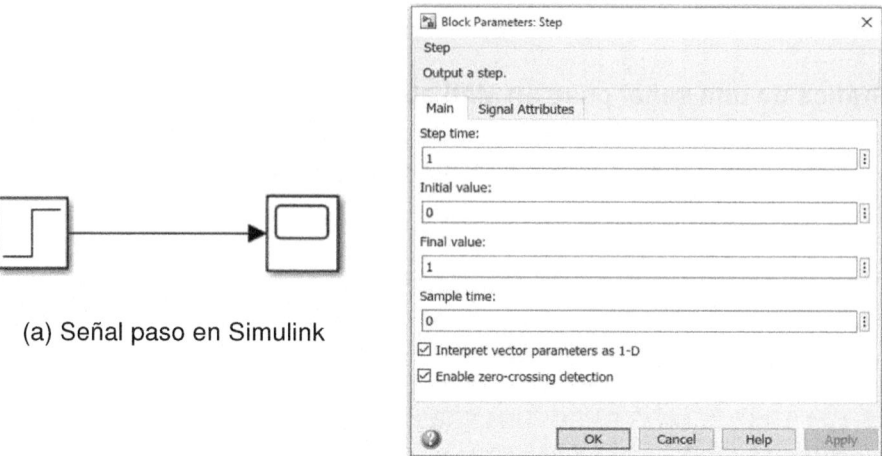

(a) Señal paso en Simulink

(b) Configuración de señal paso

Figura 2.3: Generación de una señal paso en Simulink.

Esta señal es usada para el análisis de un sistema ante una entrada que crece a una velocidad constante y para observar el comportamiento del error en estado estable ante este tipo de señal. En otras palabras, cómo de preciso es el seguimiento de la señal. En la figura 2.4 se puede observar una señal rampa unitaria con $a = 0$.

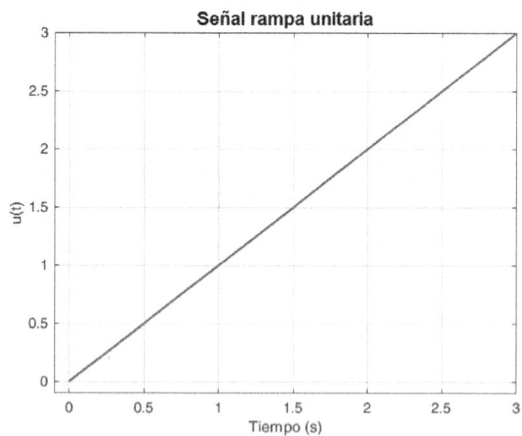

Figura 2.4: Gráfica de una señal rampa unitaria.

Gráfica de una señal rampa en MatLab

```
t = 0:0.01:1;
u = t;
plot(t,u,'linewidth',1.5)
title('SEÑAL RAMPA UNITARIA');
axis([-0.05 1 -0.05 1])
xlabel('Tiempo (s)');
ylabel('u(t)')
grid on;
```

Gráfica de señal rampa en Simulink

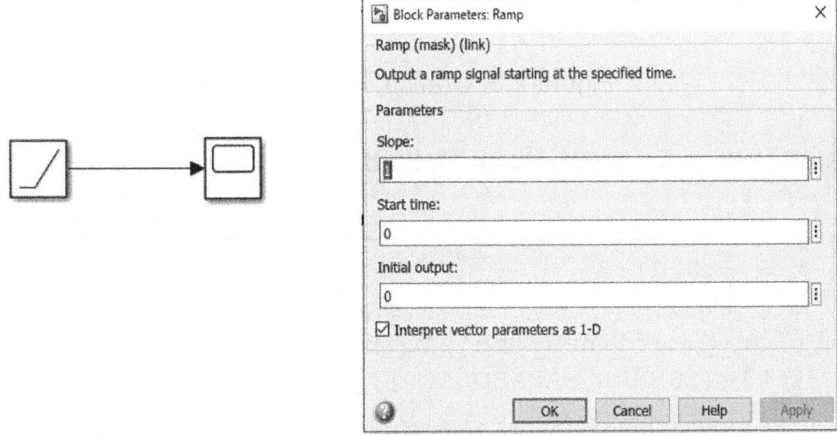

(a) Señal rampa en Simulink   (b) Configuración de una señal rampa

Figura 2.5: Generación de una señal rampa en Simulink.

Señal parábola

Se trata de una función de segundo grado que se representa mediante la Ecuación 2.3.

$$u(t) = \begin{cases} t^2, & \forall t \geq a \\ 0, & \forall t < a \end{cases} \tag{2.3}$$

Este tipo de señal se usa para el análisis de sistemas que cuenten con una aceleración constante y su gráfica tiene el aspecto indicado en la figura 2.6.

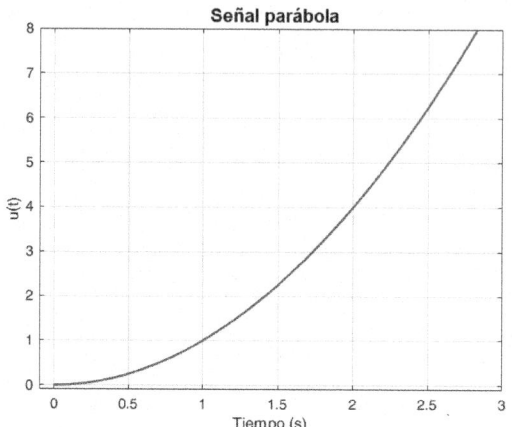

Figura 2.6: Gráfica de una señal parábola.

Gráfica de señal parábola en MatLab

```
t = 0:0.01:3;
u = t.^2;
plot(t,u,'linewidth',1.5)
title('SEÑAL PARÁBOLA ');
axis([-0.05 3 -0.05 5])
xlabel('Tiempo (s)');
ylabel('u(t)')
grid on;
```

Gráfica de señal parábola en Simulink.

Para generar una señal parábola en Simulink se utiliza el bloque de **reloj** para simular el tiempo. A este bloque se le conecta el bloque **math function**, que incluye varias operaciones matemáticas clásicas, una de ellas elevar al cuadrado la señal de entrada. Así podemos generar y utilizar una señal parábola para nuestros intereses, tal y como se ve en la figura 2.7.

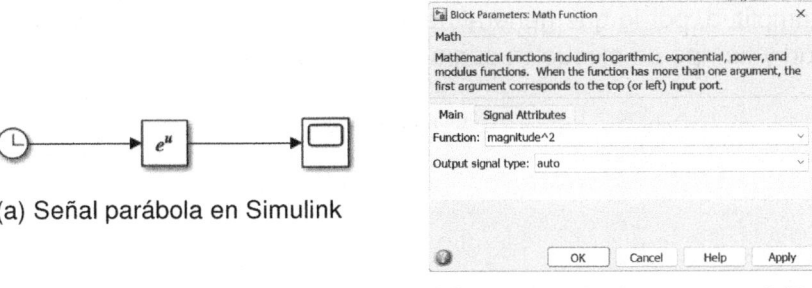

(a) Señal parábola en Simulink

(b) Configuración de señal parabólica

Figura 2.7: Generación de una señal parábola en Simulink

Función impulso unitario o función delta de Dirac

La función impulso o delta de Dirac es una función que presenta un valor infinito en un único valor determinado de la variable independiente y cero para cualquier otro valor. Se define como se muestra en la ecuación (2.4)

$$\delta(t) = \begin{cases} \infty, & \forall t = a \\ 0, & \forall t \neq a \end{cases} \tag{2.4}$$

La curiosidad más grande de la función delta de Dirac es que el área bajo su curva debe ser finita e igual a 1, es decir, se debe cumplir lo que indica la ecuación (2.5). Esto quiere decir que la base de la función será infinitamente pequeña y la amplitud será infinitamente grande.

$$\int_{-\infty}^{\infty} \delta(t)dt = 1 \tag{2.5}$$

Sin embargo, esta señal físicamente no existe, por tanto se considera una función y no una señal. Lo más importante de esta función es que sirve para muestreo y selección de la propiedad de un sistema de modelado. Y a diferencia de la señal paso, sólo permite despertar la dinámica de los sistemas.

La función impulso se utiliza en la mayoría de los casos para analizar la estabilidad de un sistema, ya que, si un sistema es sometido a un impulso y este es capaz de regresar al punto de inicio, se dice que un sistema será estable. A nivel de simulación es imposible construir una señal impulso por el valor infinito de su amplitud, por lo que generalmente se la crea con un valor muy grande de amplitud y tiempo de ejecución sumamente pequeño.

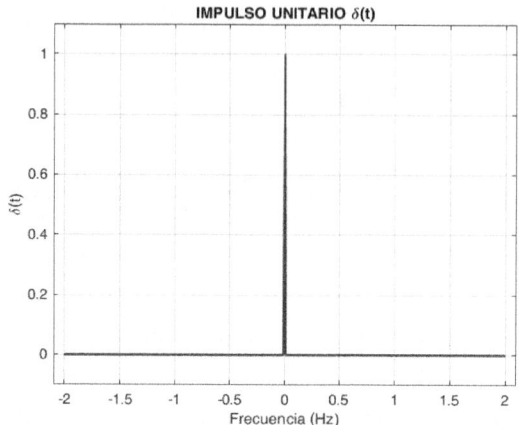

Figura 2.8: Gráfica de una función impulso unitario.

Gráfica de función impulso unitario en MatLab

```
t=-2:0.01:2;
impulse=t==0;
plot(t,impulse,"b","Linewidth",1.5);
title("IMPULSO UNITARIO δ(t)");
axis([-2.1 2.1 -0.1 1.1]);
xlabel('Frecuencia (Hz)');
ylabel('δ(t)');
grid on
```

Gráfica de función impulso unitario en Simulink

Para representar esta función se debe tener en cuenta que no existe bloques directos, por tanto, se debe hacer uso de dos **step** y un **add**, de tal forma que ayudarán a generar la señal impulso del ancho y de la amplitud que uno desee. Si bien no es una función impulso como tal, nos ayuda a representar el concepto de la función. Cabe mencionar que, si se desea realizar un sinnúmero de impulsos, se deberá añadir mas **step** y aumentar el numero de entradas que sumen la señal.

La figura 2.9 muestra la construcción de una señal impulso de ancho 0.01 segundos y una amplitud unitaria.

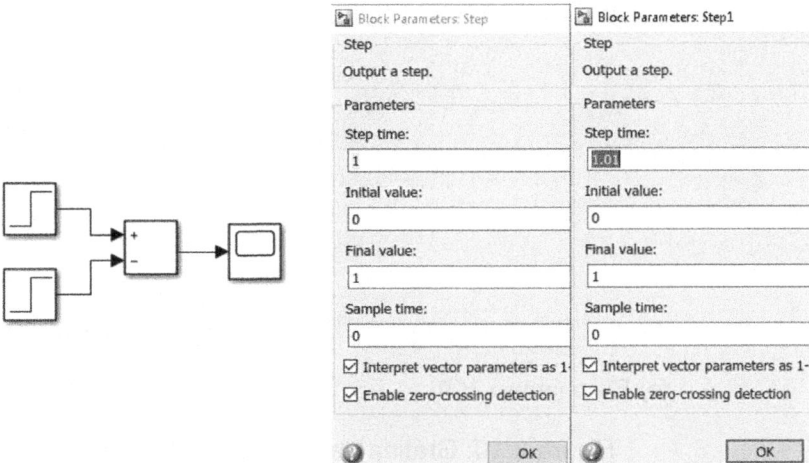

(a) Función impulso en Simulink   (b) Configuración de función impulso

Figura 2.9: Generación de una función impulso en Simulink.

2.3. Señales típicas de salida

Señal exponencial

Una señal exponencial es una función matemática que cambia con el tiempo de acuerdo con una ley exponencial. En el contexto de señales, generalmente se refiere a una señal que aumenta o disminuye de manera proporcional a una base elevada a una potencia lineal o exponencial del tiempo (2.6).

$$y(t) = k * e^{-at} \tag{2.6}$$

Para ello se dice que $y(t)$ es creciente o decreciente acorde se incrementa el tiempo cuando:

- $a > 0$ Exponencial creciente

- $a < 0$ Exponencial decreciente

En el análisis de sistemas de control es importante recordar el comportamiento de una señal exponencial, ya que es una de las respuestas típicas de los sistemas lineales de primer orden.

Comportamiento de la señal exponencial variando sus parámetros

Gráficas obtenidas con diferentes valores del componente a y con $u(t) = 1$.

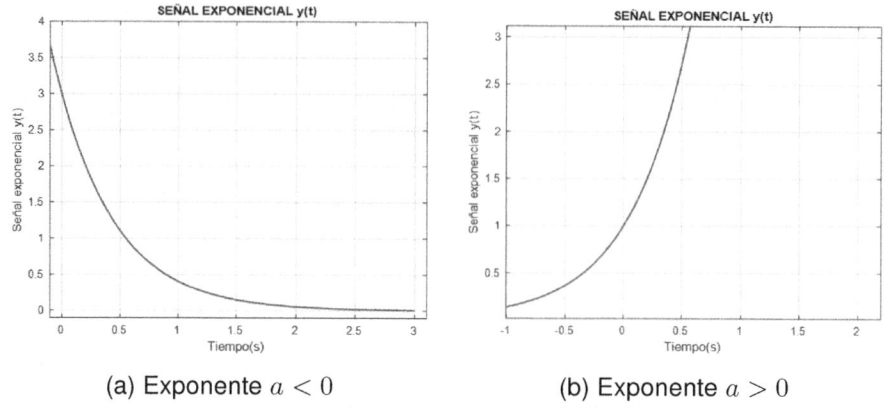

(a) Exponente $a < 0$ (b) Exponente $a > 0$

Figura 2.10: Gráfica de una señal exponencial.

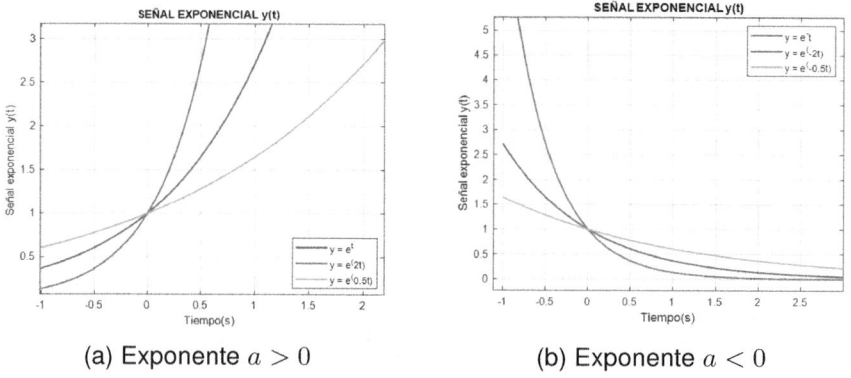

(a) Exponente $a > 0$ (b) Exponente $a < 0$

Figura 2.11: Comportamiento de una señal exponencial variando a.

Se observa que, al ir variando el valor del exponenete a, con un valor alto (generalmente mayor a 1) la curva tiene una mayor velocidad de crecimiento o decrecimiento, mientras que con un valor bajo (generalmente menor a 1) la curva es más lenta.

Por su parte, el valor de la constante k representa el punto de corte de la señal con el eje vertical. E todos los ejemplos vistos se cumple que $k = 1$, por tanto todas las señales independientemente de su velocidad cortan al eje vertical en el valor de 1.

Gráfica de señal exponencial en MatLab

```
k=2;
a=2;
t=-1:0.01:3;
y=k*exp(-a.*t);
plot(t,y,'Linewidth',1.5);
xlabel('Tiempo(s)');
ylabel('Señal exponencial y(t)');
axis([-0.1,3.1 -0.1,3])
title('SEÑAL EXPONENCIAL y(t)');
grid on
```

Gráfica señal exponencial en Simulink

Para la representación de la señal exponencial en Simulink se hace uso de los siguientes elementos que son un **clock** en la cual se tendrá la variable de tiempo; un **math fuction** en la cual se tendrá la función exponencial; y unas ganancias, las cuales representaran el valor de a, ya sea positiva o negativa, y la otra ganancia, que mostrara k. Y para la representación de la señal se usa un **scope**. El orden de la función se indica en la figura 2.12.

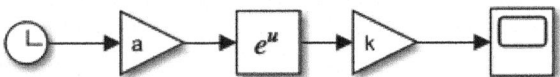

Figura 2.12: Generación de una señal exponencial en Simulink.

Señal sinusoidal

Una señal sinusoidal es un tipo de señal periódica que se caracteriza por tener una forma de onda que se asemeja a una curva senoidal o seno. Estas señales son fundamentales en la teoría de señales y sistemas, y se utilizan ampliamente en la electrónica, la ingeniería de comunicaciones, la física y otras disciplinas científicas y técnicas. La forma general de una señal sinusoidal se puede expresar como en la ecuación (2.7).

$$y(t) = Asin(w_n t + \phi) \qquad (2.7)$$

Donde:

w_n Es la frecuencia natural ($w_n = 2\pi f$).

t Es el tiempo.

A Es la amplitud de la oscilación, determina el valor máximo de la onda.

ϕ Es la fase inicial de la señal, determina la posición horizontal de la onda.

$y(t)$ Es el valor de la señal en un determinado instante.

En la figura 2.13 se puede observar una onda sinusoidal de 5 unidades de amplitud, fase inicial cero y una frecuencia de $1.5Hz$ o $9.43rad/s$ de frecuencia natural.

Es importante recordar la señal seno y coseno, ya que la vamos a utilizar dentro de la teoría de control como señal de entrada cuando se realiza un análisis en el dominio de la frecuencia de los sistemas, y también se la puede encontrar como salida de sistemas oscilatorios o críticamente estables.

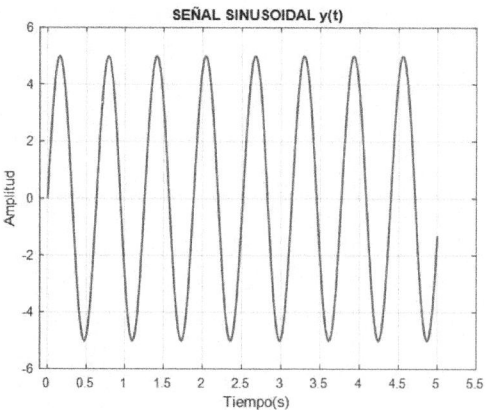

Figura 2.13: Gráfica de una señal sinusoidal.

Comportamiento de la señal sinusoidal variando sus parámetros

Como se sabe, a mayor frecuencia mayor número de oscilaciones en un periodo de tiempo. Mientras, una frecuencia menor representa menos oscilaciones en el mismo periodo de tiempo. Esto se puede observar de mejor manera en la figura 2.14a.

La amplitud por su parte determina el pico máximo tanto positivo como negativo de la onda. Además, cuando A es negativa, la curva se invierte, como se observa en la curva color morado en la figura 2.14b.

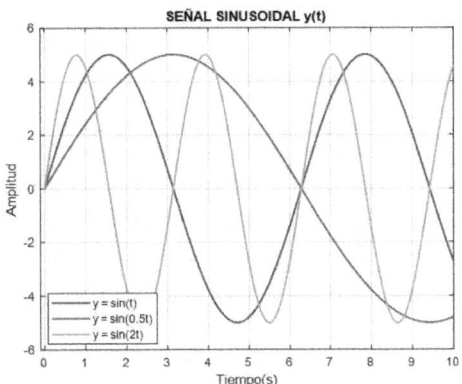

(a) Amplitud constante y diferentes w_n

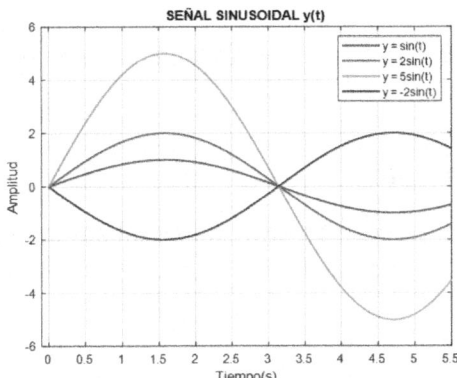

(b) w_n constante y diferentes amplitudes

Figura 2.14: Comportamiento de señal sinusoidal.

Gráfica de señal sinusoidal en MatLab

```
t=0:0.01:5;
A=5;
wn=10;
y=A*sin(wn*t);
plot(t,y,'Linewidth',1.5);
```

```
xlabel('Tiempo(s)');
ylabel('Amplitud')
title('SEÑAL SINUSOIDAL y(t)');
axis([-0.1,5.5 -6,6]);
grid on
```

Gráfica señal sinusoidal en Simulink

Para la representación de esta señal se hace uso de un **clock**, una función seno, 2 ganancias **gain** y un **scope**. El **clock** representará el tiempo. La primera ganancia será la frecuencia natural (w_n); la función seno ayudará a graficar la oscilación sinusoidal y la segunda ganancia muestra la amplitud (A) y para graficar se hará uso del **scope**. El orden para representar esta señal se muestra en el recuadro.

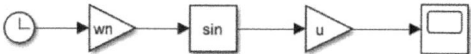

Figura 2.15: Configuración señal sinusoidal en Simulink.

2.3.1. Señal cosenoidal

La señal cosenoidal no es más que una señal seno con un desfase inicial de $\pi/2$ radianes en adelanto, es decir, $\phi = \pi/2$. La función seno se define como se ve en la ecuación (2.8).

$$y(t) = A cos(w_n t + \phi) \tag{2.8}$$

Donde los parámetros de la señal son los mismos vistos para la señal senoidal. De igual forma se utiliza una señal cosenoidal como entrada par analizar sistemas en el dominio de la frecuencia o pueden ser señales típicas de salida de sistemas oscilatorios.

Gráfica de una señal cosenoidal en MatLab

```
t=0:0.01:5;
A=5;
wn=10;
y=A*cos(wn*t);
plot(t,y,'Linewidth',1.5);
```

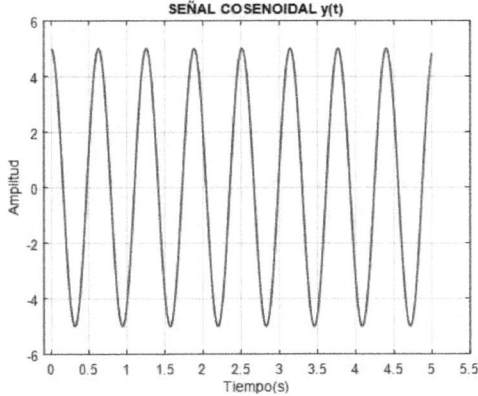

Figura 2.16: Gráfica de señal cosenoidal

```
xlabel('Tiempo(s)');
ylabel('Amplitud')
title('SEÑAL COSENOIDAL y(t)');
axis([-0.1,5.5 -6,6]);
grid on
```

Gráfica señal cosenoidal en Simulink

Para generar y graficar una señal coseno en Simulink se utilizan los mismos bloques y el mismo procedimiento que para una señal seno, solo que intercambiando el bloque seno por coseno, como se ve en la figura 2.17.

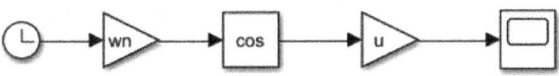

Figura 2.17: Configuración señal cosenoidal en Simulink.

Señal seno amortiguada

Una señal seno amortiguada es un tipo específico de señal que combina una componente senoidal con un factor de amortiguamiento exponencial. Esta señal se utiliza en diversos campos, como la ingeniería, la física y la electrónica, para modelar sistemas que disipan energía con el tiempo. La forma general de una señal seno amortiguada se expresa como:

35

$$y(t) = A sin(w_d t)e^{-at} \tag{2.9}$$

Donde:

w_d Es la frecuencia amortiguada ($w_d = 2\pi f$). Es la frecuencia de la componente senoidal.

t Es el tiempo.

A Es la amplitud máxima de la señal.

ϕ Es la fase inicial de la señal. Determina la posición horizontal de la onda.

a Es el coeficiente de amortiguamiento. Define la rapidez de decaimiento o crecimiento.

$y(t)$ Es el valor de la señal en un determinado instante.

La señal seno amortiguada es importante porque representa la salida típica de sistemas amortiguados. Un ejemplo de este tipo de señal se puede ver en la Figura 2.18.

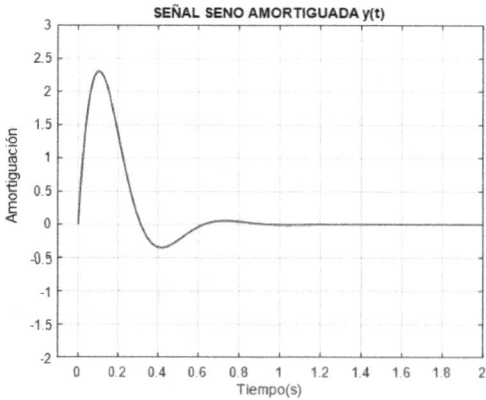

Figura 2.18: Gráfica de una señal seno amortiguada.

Gráfica de señal seno amortiguada en MatLab

```
t=0:0.01:5;
A=5;
a=6;
wd=10;
y=A*sin(wd*t).*exp(-a*t);
plot(t,y,'Linewidth',1.5);
xlabel('Tiempo(s)');
ylabel('AMORTIGUACION')
title('SEÑAL SENO AMORTIGUADA y(t)');
axis([-0.1,2 -2,3]);
grid on
```

Gráfica señal seno amortiguada en Simulink

La representación de esta señal combina una señal exponencial y una señal sinusoidal, de tal forma que hará uso de los siguientes elementos: un **clock**, varias ganancias **gain**, una función seno, un **math fuction** (exponencial), un producto y un **scope**. Cada uno de estos elementos representarán las variables que forman parte de esta señal, lo mismo que el **clock** determinará el tiempo. La primera ganancia será la frecuencia amortiguada (w_d), misma que será parte de la función seno. La segunda ganancia mostrará el valor de a, ya sea positiva o negativa, la cual formará parte de la señal exponencial, de tal forma que al combinar las dos se hará uso de un producto, para luego ser multiplicada por la tercera ganancia, que define el valor de la amplitud A, y para visualizar la función se colocará un **scope**. El orden de representación se indica en la figura 2.19.

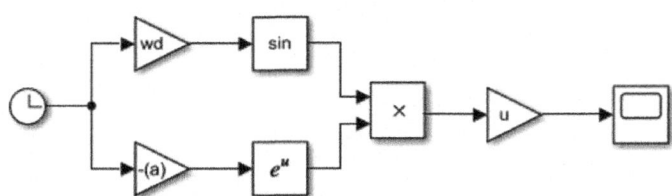

Figura 2.19: Configuración señal seno amortiguada en Simulink

2.3.2. Señal coseno amortiguada

Una señal coseno amortiguada es la combinación de una señal cosenoidal con una señal exponencial. El concepto es el mismo que el de la señal seno amortiguada, con la diferencia de la fase inicial, nuevamente la señal coseno iniciará con una fase $\phi = \pi/2$. Se representa mediante la ecuación (2.10).

$$y(t) = A cos(w_d t)e^{-at} \tag{2.10}$$

Donde los parámetros de la señal son los mismos que se estudiaron para la señal seno amortiguada. De igual forma, este tipo de señal es una salida típica de sistemas amortiguados.

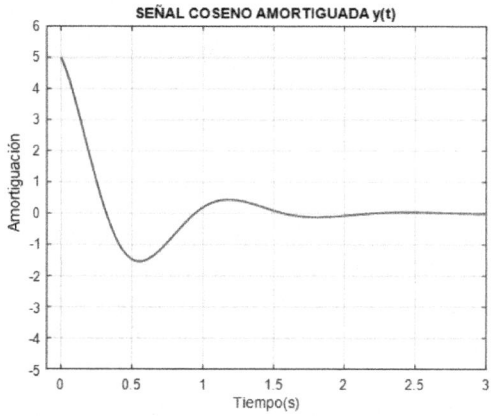

Figura 2.20: Gráfica de una señal coseno amortiguada.

Gráfica de señal coseno amortiguada en MatLab

```
t=0:0.01:8;
A=5;
a=2;
wd=5;
y=A*cos(wd*t).*exp(-a*t);
plot(t,y,'Linewidth',1.5);
xlabel('Tiempo(s)');
ylabel('Amortiguación')
title('SEÑAL COSENO AMORTIGUADA y(t)');
axis([-0.1,3 -5,6]);
grid on
```

Gráfica señal coseno amortiguada en Simulink

La representación de esta señal se realiza de manera idéntica que para una señal seno amortiguada, reemplazando la función seno por coseno. El orden de representación se indica en la figura 2.21.

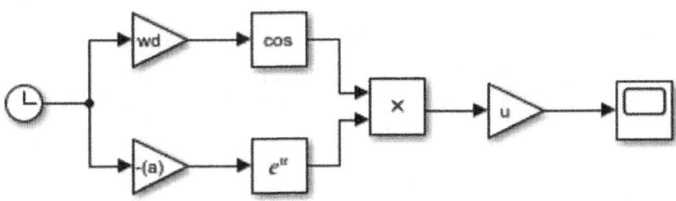

Figura 2.21: Configuración señal coseno amortiguada en Simulink.

2.4. Sistemas

La RAE define sistema así:

«Conjunto de cosas que relacionadas ordenadamente entre sí contribuyen

a determinado objeto».

De la definición formal podemos decir que un sistema es un conjunto de pasos o procesos que recibe cierta información de entrada, la maneja y la convierte en otra información de salida. Específicamente, en la teoría clásica de control se considera sistema a cada proceso que recibe una o varias señales y entrega información de salida que pueden, igualmente, ser una o varias señales.

Dentro de la teoría clásica de control consideramos como sistema cada bloque rectangular dentro del proceso de control en lazo cerrado; es decir, el controlador, actuador, la planta y el sensor, todos son sistemas.

2.5. Clasificación de los sistemas

Los sistemas se pueden clasificar de acuerdo con varios criterios de distinta naturaleza. A continuación revisaremos los más importantes para el estudio de los sistemas de control automático.

Sistemas continuos y discretos

Como se ha visto anteriormente, existen señales continuas (bien definidas en el tiempo) y señales discretas (muestreadas en instantes específicos de tiempo). Según este tipo de información, que puede ser de entrada o de salida, un sistema puede ser también continuo o discreto.

Se dice que un sistema es **continuo** cuando todas las señales que intervienen en su operación son continuas. Ver figura 2.22.

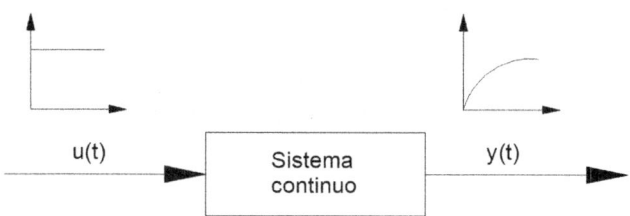

Figura 2.22: Representación de un sistema continuo.

Por su parte, se dice que un sistema es **discreto** cuando todas las señales que intervienen en su operación son discretas.

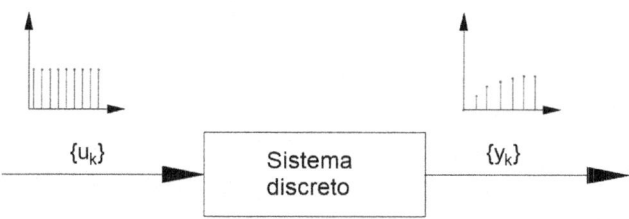

Figura 2.23: Representación de un sistema discreto.

Como se había mencionado en este texto, utilizaremos solo señales continuas, por tanto trabajaremos únicamente con sistemas continuos. Los sistemas discretos son útiles cuando se estudian sistemas de control digitales con tiempos de muestreo grandes o problemáticos. En general, los sistemas discretos no difieren en gran medida de los continuos si el tiempo de muestreo es pequeño, situación que cada día es más accesible, debido a los procesadores de gran capacidad que se comercializan.

Considerando los criterios de los sistemas continuos y discretos, existen sistemas híbridos o mixtos que convierten una señal continua en discreta o viceversa. Los **conversores analógicos-digitales** son los más comunes, puesto que todo microprocesador de propósito general incluye este tipo de convertidores, es decir, convierte una señal continua en discreta, como se ve en la figura 2.24.

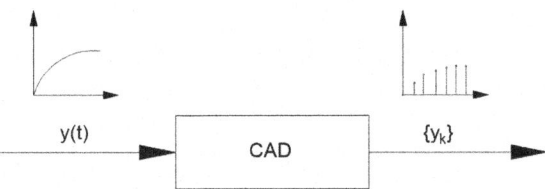

Figura 2.24: Representación de un conversor análogo-digital.

Un poco menos populares, pero cada vez más recurrentes, son los conversores digital-análogos (ver figura 2.25), que son sistemas que transforman una señal digital y cuantizada en una señal analógica (una señal PWM no es una señal analógica).

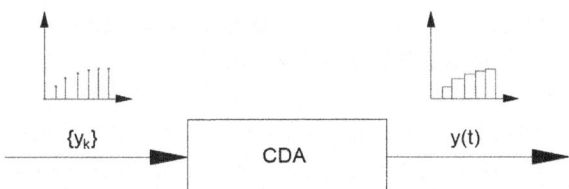

Figura 2.25: Representación de un conversor digital-analógico.

Sistemas estáticos y dinámicos

Los sistemas pueden clasificarse en sistemas estáticos y sistemas dinámicos basándose en cómo los sistemas responden a las entradas o cambios en sus condiciones.

Sistemas estáticos son sistemas cuyo comportamiento no cambia con el tiempo. En otras palabras, la salida del sistema en un momento dado depende únicamente de las entradas presentes en ese momento y no de las entradas pasadas o futuras. Por ejemplo, la ecuación (2.11).

$$y(t) = f(u(t)) \tag{2.11}$$

Donde $u(t)$ es la entrada del sistema y su salida es una función simple de su entrada.

Los **sistemas dinámicos**, a diferencia de los estáticos, cambian con el tiempo y tienen una memoria de eventos pasados. La salida del sistema en un momento dado depende de las entradas actuales y pasadas, así como de su comportamiento dinámico interno. Estos sistemas se utilizan para modelar sistemas que evolucionan o cambian con el tiempo.

Generalmente un sistema dinámico está representado por una ecuación diferencial de la forma:

$$f(y^n, y^{n-1}, ..., y', y, u^m, u^{m-1}, ..., u', u) = 0 \qquad (2.12)$$

La mayoría de los sistemas físicos se modelan de mejor manera como sistemas dinámicos, es decir, que cambian en relación con el tiempo.

Sistemas invariantes y variantes

Un sistema se considera **invariante** en el tiempo (TIS) si su respuesta o comportamiento es constante a lo largo del tiempo, independientemente del momento en que se aplique la entrada. En otras palabras, un TIS no cambia su comportamiento en función del tiempo; su respuesta a una entrada particular es la misma en cualquier momento en que se aplique la entrada.

Matemáticamente un sistema es invariante si ante una entrada $u(t)$ la salida del sistema es $y(t)$, y ante las mismas condiciones para una entrada $u(t + \tau)$ la salida es $y(t + \tau)$. Si consideramos un sistema dinámico, modelado por una ecuación diferencial (ver ecuación (2.13)), una forma sencilla de determinar si un sistema es invariante es verificando los coeficientes de la ecuación. **Si todos los coeficientes de la ecuación** (2.13) **son constantes se dice que el sistema es invariante.**

$$a_n y^n + a_{n-1} y^{n-1} + ... + a_1 y' + a_0 y = b_m u^m + b_{m-1} u^{m-1} + ... + b_1 u' + b_0 u \quad (2.13)$$

Por ejemplo, note que en la siguiente ecuación todos sus coeficientes son constantes, por tanto la expresión representa un sistema dinámico e invariante en el tiempo:

$$4y'' + 0.25y' - 3y = u' + 0.5u \qquad (2.14)$$

Un sistema se considera **variante** en el tiempo (TVS) si su respuesta o comportamiento depende explícitamente del tiempo en el que se aplica la entrada. En otras palabras, un TVS muestra cambios en su comportamiento a lo largo del tiempo debido a factores como el momento en que se aplica una entrada o la historia de las entradas anteriores.

Matemáticamente un sistema variante en el tiempo es una función del tiempo, es decir: $y(t) = F[u(t), t]$. Si un sistema dinámico presenta al menos un coeficiente, de su ecuación diferencial, como una función de la variable independiente (tiempo), se dice que el sistema es variante. Por ejemplo, el sistema mostrado en la ecuación (2.15)) presenta varios coeficientes como funciones del tiempo, por tanto el sistema es variante.

$$sin(t)y'' + 0.25y' - t^2y = e^t u' + 0.5u \qquad (2.15)$$

La mayoría de los sistemas en general se asimilarían a modelos variantes, por efecto de desgastes de piezas, consumo de materiales, etc. En términos de la teoría clásica de control, consideraremos a los sistemas como invariantes a pesar de que en ocasiones los desgastes puedan ser críticos.

Sistemas monovariables y multivariables

Un sistema se considera **monovariable** cuando tiene una sola entrada y una sola salida. También son llamados sistemas de simple entrada y simple salida (SISO).

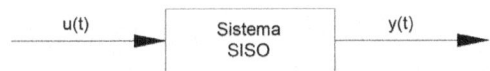

Figura 2.26: Representación de un sistema SISO.

Por su parte, un sistema se considera **multivariable** si posee más de una entrada o salida, o ambas condiciones. En términos generales, a los sistemas multivariables también se los conoce como sistemas de múltiples entradas y múltiples salidas (MIMO), a pesar de que existen todas las configuraciones posibles, es decir, sistemas SIMO y MISO.

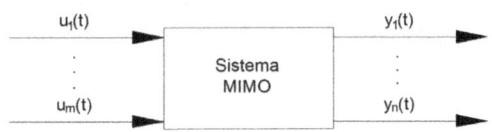

Figura 2.27: Representación de un sistema MIMO.

Los sistemas MIMO se expresan mediante p ecuaciones diferenciales, como se puede ver a continuación:

$$f_1(y_1^n, ..., y_1', y_1, ..., y_p^n, ..., y_p', y_p, u_1^m, ..., u_1', u_1, ..., u_q^m, ..., u_q', u_q) = 0$$

$$f_2(y_1^n, ..., y_1', y_1, ..., y_p^n, ..., y_p', y_p, u_1^m, ..., u_1', u_1, ..., u_q^m, ..., u_q', u_q) = 0$$

$$\cdot$$

$$\cdot \qquad (2.16)$$

$$\cdot$$

$$f_p(y_1^n, ..., y_1', y_1, ..., y_p^n, ..., y_p', y_p, u_1^m, ..., u_1', u_1, ..., u_q^m, ..., u_q', u_q) = 0$$

Donde: n y m son los términos derivados máximos de cada entrada y salida, q es el número de entradas del sistema y p es el número de salida. Por tanto, se tienen p expresiones que modelan el sistema.

Sistemas lineales y no lineales

Otra clasificación de los sistemas es en los lineales y no lineales. Se dice que un sistema es lineal siempre y cuando cumpla el principio de superposición. Esto se demuestra de mejor manera con un ejemplo. Suponiendo que se dispone de un sistema modelado por la siguiente ecuación diferencial:

$$a_1 y_1' + a_0 y_1 = b_0 u_1 \qquad (2.17)$$

Se aprecia que la salida del sistema es y_1 ante una entrada u_1. Si al sistema se le aplica una segunda entrada u_2, la salida del sistema deberá ser y_2, es decir:

$$a_1 y_2' + a_0 y_2 = b_0 u_2 \qquad (2.18)$$

El principio de superposición dice que, si y_1 es una solución de la ecuación diferencial y y_2 es otra solución, entonces $c_1 y_1 + c_2 y_2$ también es una solución, para todos los c_1 y c_2 diferentes de cero. La expresión reultaría expresada como:

$$a_1(c_1 y_1' + c_2 y_2') + a_0(c_1 y_1 + c_2 y_2) = b_0(c_1 u_1 + c_2 u_2) \qquad (2.19)$$

Gráficamente se expresa de manera más sencilla, como se ve en la figura 2.28, donde para un mismo sistema G se aplican dos entradas u_1 y u_2, que generan dos salidas y_1 y y_2. Y si el sistema es lineal, la salida del sistema ante la combinación de las entradas será la combinación de las salidas.

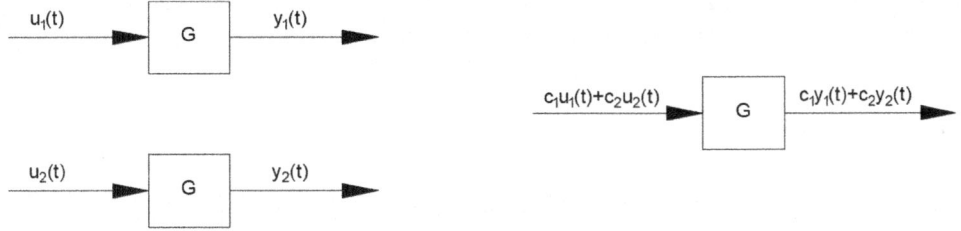

Figura 2.28: Principio de superposición.

Una forma sencilla para determinar la linealidad o no linealidad de un sistema, sin recurrir a la comprobación del principio de superposición, es verificar los coeficientes del modelo en ecuaciones diferenciales. Si al menos un coeficiente del modelo es una función de una de las variables dependientes del sistema (entrada o salida), el sistema se considera no lineal. En la ecuación (2.20) se muestra un modelo con varias no linealidades.

$$sin(y)y'' + 0.25yy' - y^2y = e^yu' + 0.5u \qquad (2.20)$$

Nótese la diferencia entre la identificación de un sistema no lineal y un sistema variante en el tiempo.

La mayoría de los sistema en la naturaleza responden a modelos no lineales, debido a que todos los sistemas presentan al menos no linealidades básicas como saturaciones o zonas muertas. Sin embargo, el estudio matemático de los sistemas no lineales es bastante complejo, dado que no existe aún un método analítico para resolver estas ecuaciones.

Sin embargo, la mayoría de los sistemas industriales se comportan de manera lineal alrededor de un punto de operación, por lo que se pueden utilizar modelos lineales para analizarlos y controlarlos. Dentro de la teoría clásica de control, si nos encontramos con un sistema no lineal, lo más habitual es linealizar el sistema alrededor del punto de operación deseado para simplificar su estudio, aproximación válida dentro de ciertos límites de operación.

2.6. Sistemas diferenciales lineales e invariantes (LTI)

En la teoría clásica de control utilizaremos sistemas monovariables, continuos, lineales e invariantes en el tiempo que típicamente están expresados por una ecuación diferencial con coeficientes constantes, es decir:

$$a_n y^n + a_{n-1} y^{n-1} + ... + a_1 y' + a_0 y = b_m u^m + b_{m-1} u^{m-1} + ... + b_1 u' + b_0 u \quad (2.21)$$

Los sistemas físicos reales deben cumplir con la condición de causalidad para ser realizables, es decir, se debe cumplir la condición de que $n \geq m$. Esto verifica que la salida de un sistema sea la integral de la entrada del sistema:

$$y(t) = \int_{-\infty}^{t} u(\tau) d\tau \quad (2.22)$$

Esto quiere decir que la salida del sistema no dependerá de valores posteriores en la entrada. En otras palabras, la entrada de un sistema no afectará a la dinámica del mismo. Por ejemplo, el siguiente sistema será realizable físicamente, ya que la salida es $y(t)$, donde $n = 2$ y $u(t)$ es la entrada, donde $m = 1$.

$$4y(t)' + 2y(t) = 3u(t) \quad (2.23)$$

2.7. Diagramas de bloques

Los diagramas de bloques son, como su nombre lo indica, los que se obtienen al conectar las funciones de transferencia que conforman un sistema, y estos se componen básicamente de:

a) Bloques:

Figura 2.29: Representación de un bloque.

b) Sumadores:

c) Puntos de bifurcación:

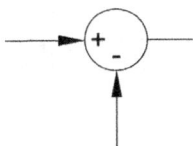

Figura 2.30: Representación de un sumador.

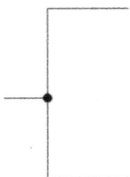

Figura 2.31: Representación de un punto de bifurcación.

Ejemplos

Se tiene una red, definida por:

$$\begin{cases} u_e(t) = u(t) + u_s(t) \\[2mm] u(t) = R_1 i(t) \\[2mm] u_s(t) = R_2 i(t) + \frac{1}{C} \int_0^t i(\tau)d\tau \end{cases}$$

Primero se linealiza:

$$\begin{cases} \Delta u_e(t) = \Delta u(t) + \Delta u_s(t) \\[2mm] \Delta u(t) = R_1 \Delta i(t) \\[2mm] \Delta u_s(t) = R_2 \Delta i(t) + \frac{1}{C} \int_0^t \Delta i(\tau)d\tau \end{cases}$$

Luego, aplicamos la transformada de Laplace:

$$\begin{cases} U_e(s) = U(s) + U_s(s) \\[2mm] U(s) = R_1 I(s) \\[2mm] U_s(s) = R_2 I(s) + \frac{1}{C_s} I(s) \end{cases}$$

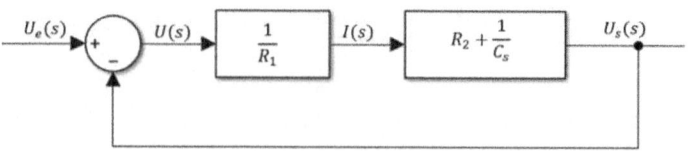

Figura 2.32: Diagrama de bloques del ejercicio.

Finalmente, creamos el diagrama de bloques:

Estos diagramas siempre se construyen comprobando que cada función de transferencia tenga un sentido físico, $(n \geq m)$.

Dentro de los diagramas de bloque, se puede obtener la relación entre la entrada y salida, simplificando, a través de asociación de bloques.

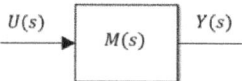

Figura 2.33: Diagrama de bloques simplificado.

Esto ayuda en que es más sencillo operar en comparación con hacerlo con cada una de las funciones de transferencia. Las simplificaciones precisas son las siguientes:

Asociación en serie

Verificamos:
$$Y(s) = G_2(s)X(s) = G_1(s)G_2(s)U(s)$$

También:
$$Y(s) = G(s)U(s)$$

Entonces la función de transferencia queda:

$$G(s) = G_1(s) \cdot G_2(s) \tag{2.24}$$

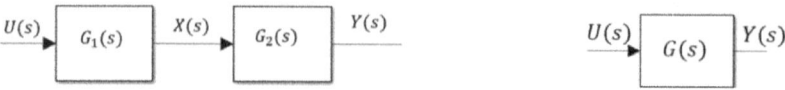

Figura 2.34: Asociación en serie.

Asociación en paralelo

Tenemos:

$$Y(s) = Y_1(s) + Y_2(s) = G_1(s)U(s) + G_2(s)U(s) = [G_1(s) + G_2(s)]U(s)$$

También:

$$Y(s) = G(s)U(s)$$

Finalmente:

$$G(s) = G_1(s) + G_2(s) \qquad (2.25)$$

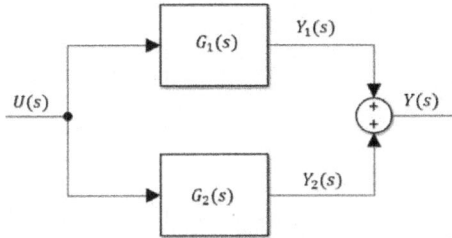

Figura 2.35: Asociación en paralelo.

Sistemas retroalimentados

Para este caso:

$$Y(s) = G(s)[X_r(s) - X(s)] = G(s)X_r(s) - G(s)H(s)Y(s)$$

Si despejamos:

$$[1 + G(s)H(s)]Y(s) = G(s)X_r(s)$$

Sabemos que:

$$Y(s) = M(s)X_r(s)$$

Finalmente, se tiene la función de transferencia:

$$M(s) = \frac{G(s)}{1 + G(s)H(s)} \qquad (2.26)$$

En el caso de que el signo de la realimentación haya sido $(+)$, se tendría:

$$M(s) = \frac{G(s)}{1 - G(s)H(s)} \qquad (2.27)$$

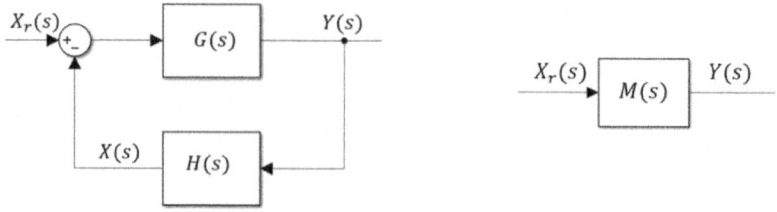

Figura 2.36: Sistemas retroalimentados.

Ejemplo

Simplificar el siguiente diagrama de bloques:

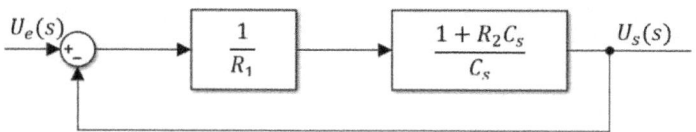

Figura 2.37: Diagrama de bloque del ejercicio.

Primero se reduce los bloques en serie:

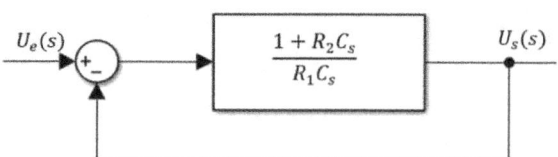

Figura 2.38: Diagrama de bloques reducido.

Luego, aplicando la fórmula para sistemas realimentados, obtendremos la función de transferencia final para el sistema:

$$\frac{U_s(s)}{U_e(s)} = \frac{\frac{1+R_sC_s}{R_1C_s}}{1 + \frac{1+R_2C_s}{R_1C_s}} = \frac{1 + R_2C_s}{1 + (R_1 + R_2)C_s}$$

De ser necesario, también se puede hallar la ecuación diferencial de esta función de transferencia, aplicando la transformada inversa de Laplace o el método que se considere conveniente:

$$\Delta u_s(t) + (R_1 + R_2)C\Delta \dot{u}_s(t) = \Delta u_e(t) + R_2C\Delta \dot{u}_e(t)$$

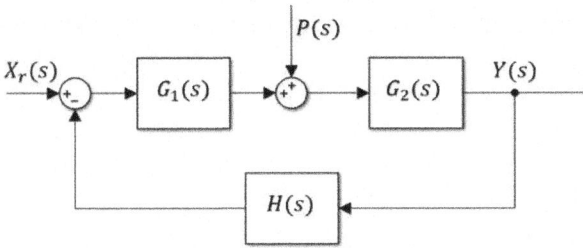

Figura 2.39: Sistema con perturbaciones.

Sistema con perturbaciones

Se aplica el principio de superposición, cuando $P(s) = 0$

$$Y(s) = \frac{G_1(s)G_2(s)}{1 + G_1(s)G_2(s)H(s)} X_r(s)$$

Cuando $X_r(s) = 0$,

$$Y(s) = \frac{G_2(s)}{1 + G_1(s)G_2(s)H(s)} P(s)$$

Así, existen 2 funciones de transferencia, dependiendo de cada entrada.

$$M_1(s) = \frac{Y(s)}{X_r(s)}\Big|_{P(s)=0} = \frac{G_1(s)G_2(s)}{1 + G_1(s)G_2(s)H(s)}$$

$$M_2(s) = \frac{Y(s)}{P(s)}\Big|_{X_r(s)=0} = \frac{G_2(s)}{1 + G_1(s)G_2(s)H(s)}$$

Por tanto:

$$Y(s) = M_1(s)X_r(s) + M_2(s)P(s)$$

Podemos evidenciar que los polinomios característicos se parecen; por ende, se pueden reducir a un diagrama de 2 bloques y un sumador.

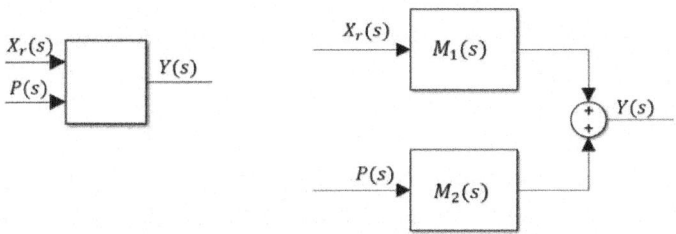

Figura 2.40: Diagrama de bloques reducido.

Transposición de sumadores y puntos de bifurcación

Se tiene un diagrama como el de la figura 2.41.

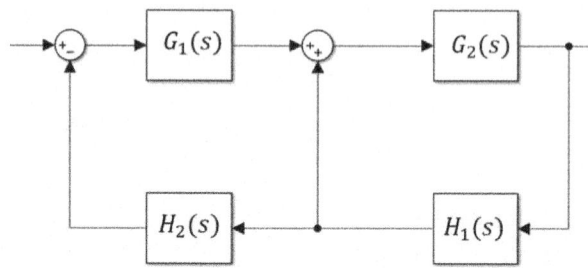

Figura 2.41: Diagrama de bloques para transposición.

Las operaciones con bloques revisadas anteriormente no son suficientes en este caso. Para estos casos se aplica la trasposición y bifurcación de bloques, de la manera siguiente:

Transposición de bloques con un sumador:

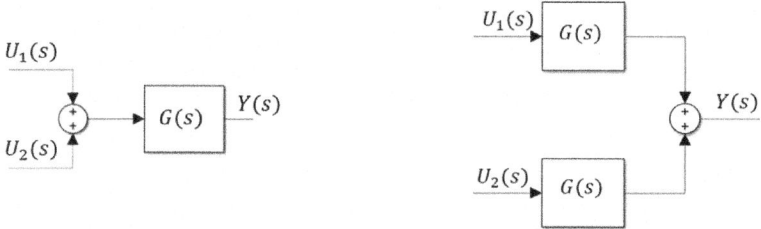

Figura 2.42: Transposición de bloques con un sumador.

Para estos 2 casos se comprueba que: $Y(s) = G(s)U_1(s) + G(s)U_2(s)$

Ahora, la transposición de un bloque con un punto de bifurcación se hace:

Para ambos casos, se comprueba: $Y_1(s) = Y_2(s) = G(s)U(s)$.

La suma es conmutativa, por lo que los comparadores y sumadores pueden cambiar de orden. Para este caso, es preciso desacoplar las realimentaciones. Una manera es trasponiendo el primer sumador de orden con el bloque $A(s)$:

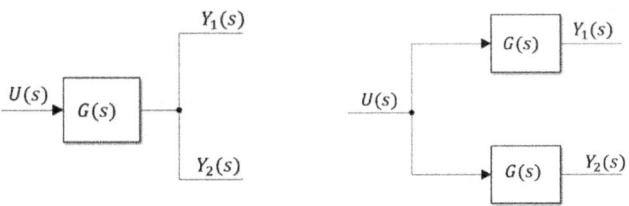

Figura 2.43: Transposición de bloques con un punto de bifurcación.

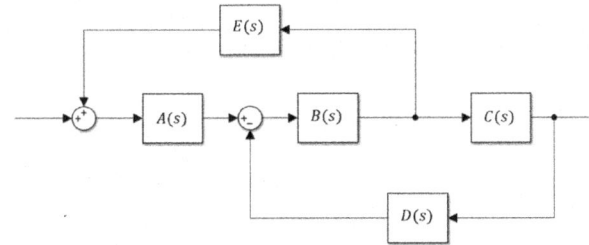

Figura 2.44: Cambio de orden de los comparadores y sumadores.

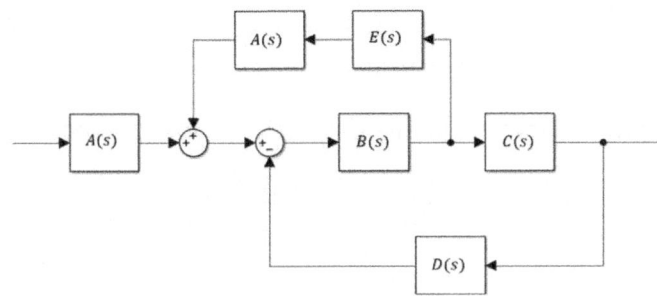

Figura 2.45: Desacoplamiento de las realimentaciones.

Si se cambia el orden de los sumadores, resulta:

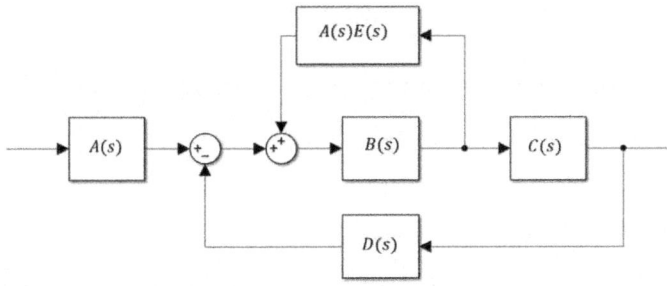

Figura 2.46: Cambio de orden de los sumadores.

Luego, ya nos es posible reducir la realimentación interna:

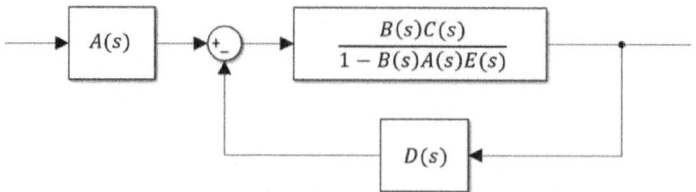

Figura 2.47: Reducción de la realimentación interna.

Finalmente se realiza la realimentación externa, y nos queda:

$$M(s) = \frac{\frac{A(s)B(s)C(s)}{1-B(s)A(s)E(s)}}{1 + \frac{B(s)C(s)D(s)}{1-B(S)A(s)E(s)}}$$

$$= \frac{A(s)B(s)C(s)}{1 + B(s)A(s)E(s) + B(s)C(s)D(s)}$$

2.8. Ejemplos

Ejemplo 1

Dado el diagrama siguiente, halle la función de transferencia:

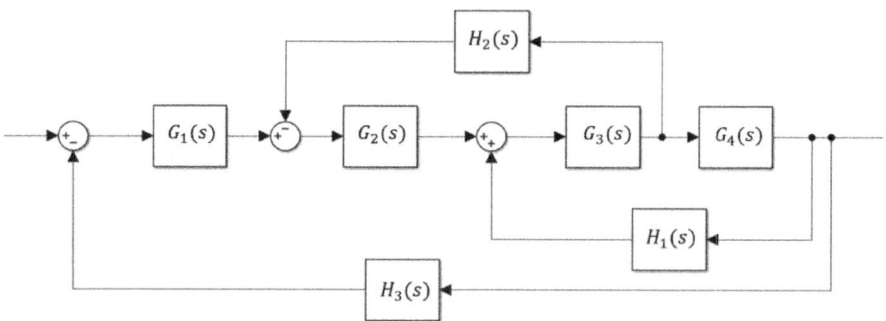

Figura 2.48: Diagrama de bloques del ejercicio 1.

Solución

Reducimos en serie G_2, H_2:

$$M_1 = G_2 H_2$$

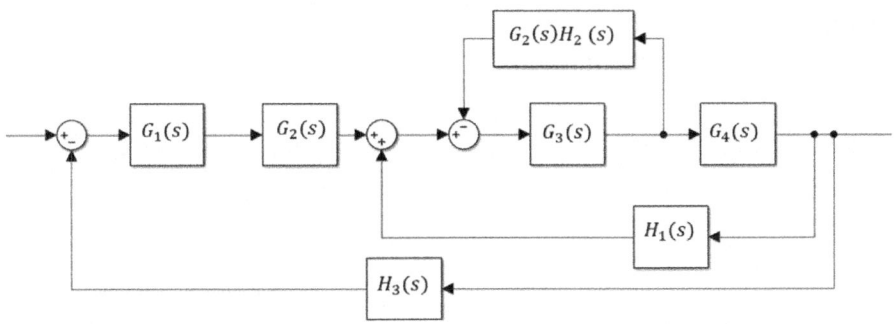

Figura 2.49: Diagrama de bloques del ejercicio 1.

En retroalimentación $G_3(s)$, M_1:

$$M_2 = \frac{G_3}{1 + G_3 M_1} = \frac{G_3}{1 + G_3 G_2 H_2}$$

En serie M_2, G_4:

$$M_3 = M_2 G_4 = \frac{G_3 G_4}{1 + G_3 G_2 H_2}$$

En retroalimentación M_3, H_1, 1:

$$M_4 = \frac{M_2 G_4}{1 + M_2 G_4 H_1} = \frac{\frac{G_3}{1 + G_3 G_2 H_2} G_4}{1 + \frac{G_3}{1 + G_3 G_2 H_2} H_1}$$

En serie G_1, G_2:

$$M_5 = G_1 G_2$$

Finalmente, en retroalimentación, $M = (serie(M_5, M_4), H_3)$:

$$M_6 = Serie(M_5, M_4) = G_1 G_2 \left(\frac{\frac{G_3}{1 + G_3 G_2 H_2} G_4}{1 + \frac{G_3}{1 + G_3 G_2 H_2} H_1} \right)$$

$$= \frac{\frac{G_3 G_4}{1 + G_3 G_2 H_2}}{\frac{1 + G_3 G_2 H_2 + G_3 H_1}{1 + G_3 G_2 H_2}} (G_1 G_2) = \frac{(G_1 G_2) G_3 G_4}{1 + G_3 G_2 H_2 + G_3 H_1}$$

$$M = \frac{M_6}{1 + M_6 H_3} = \frac{\frac{G_1 G_2 G_3 G_4}{1 + G_3 G_2 H_2 + G_3 H_1}}{1 + \left(\frac{G_1 G_2 G_3 G_4}{1 + G_3 G_2 H_2 + G_3 H_1} \right) H_3} = \frac{\frac{G_1 G_2 G_3 G_4}{1 + G_3 G_2 H_2 + G_3 H_1}}{\frac{1 + G_3 G_2 H_2 + G_3 H_1 + G_1 G_2 G_3 G_4 H_3}{1 + G_3 G_2 H_2 + G_3 H_1}}$$

Resulta:

$$M = \frac{G_1 G_2 G_3 G_4}{1 + G_3 G_2 H_2 + G_3 H_1 + G_1 G_2 G_3 G_4 H_3}$$

Ejemplo 2

Reduzca el siguiente diagrama

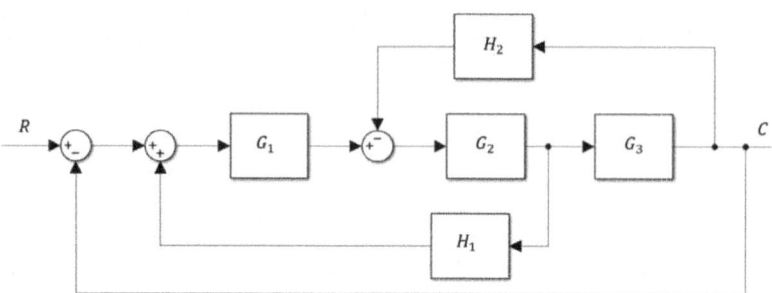

Figura 2.50: Diagrama de bloques del ejercicio 2.

Solución:

Primero movemos el punto de la sumas del lazo de realimentación negativa, el cual contiene a H_2 hacia afuera del lazo de realimentación positiva, que contiene H_1, y obtenemos:

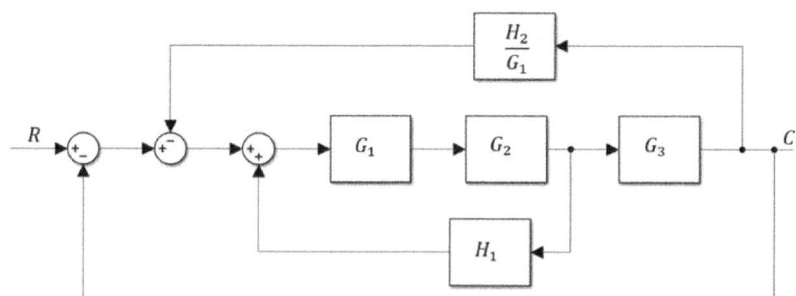

Figura 2.51: Diagrama de bloques del ejercicio 2.

Ahora, si se elimina el lazo de realimentación positiva, se obtiene:

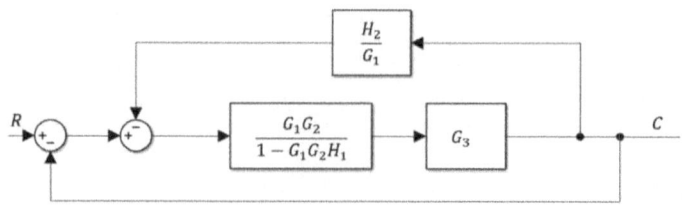

Figura 2.52: Diagrama de bloques del ejercicio 2.

Al eliminar el lazo que contiene a H_2/G_1 , se forma:

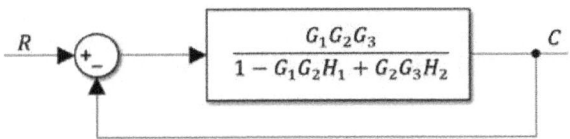

Figura 2.53: Diagrama de bloques del ejercicio 2.

Finalmente, al eliminar el lazo de realimentación nos queda:

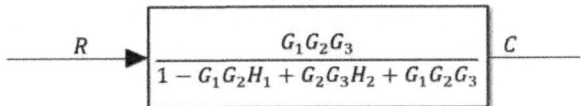

Figura 2.54: Resultado del ejercicio 2.

Ejemplo 3

Reduzca el diagrama de bloques de la siguiente figura:

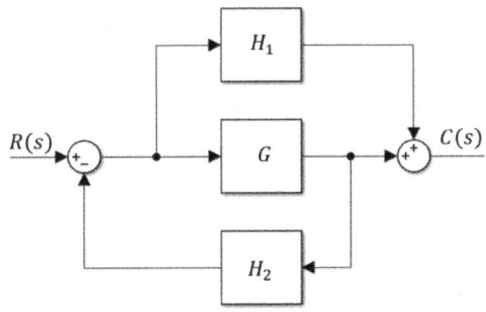

Figura 2.55: Diagrama de bloques del ejercicio 3.

Solución

Primero vamos a mover el punto de ramificación de la trayectoria que contiene H_1 fuera del lazo que contiene H_2:

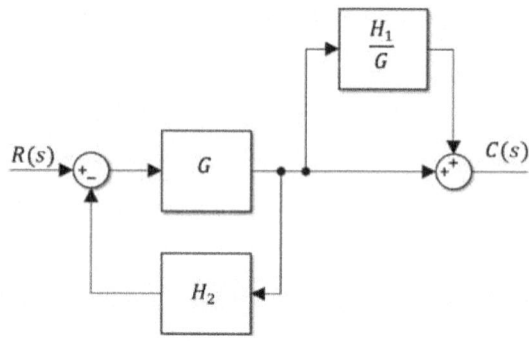

Figura 2.56: Diagrama de bloques del ejercicio 3.

Luego, vamos a eliminar los 2 lazos de realimentación:

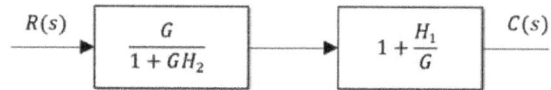

Figura 2.57: Diagrama de bloques del ejercicio 3.

Finalmente se reducen en serie los dos bloques anteriores:

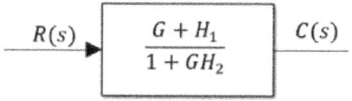

Figura 2.58: Resultado del ejercicio 3.

Ejemplo 4

Simplifique el siguiente diagrama de bloques y obtenga la función de transferencia que relacione C(s) con R(s):

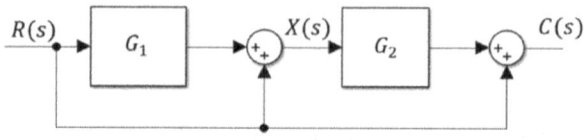

Figura 2.59: Diagramas de bloques del ejercicio 4.

Solución

Primero vamos a acomodar un poco las conexiones:

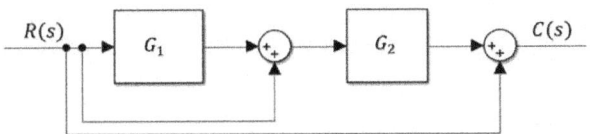

Figura 2.60: Diagrama de bloques del ejercicio 4.

Si eliminamos la trayectoria más corta, tenemos:

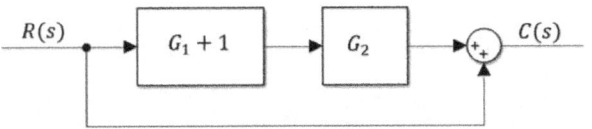

Figura 2.61: Diagrama de bloques del ejercicio 4.

Finalmente, si reducimos los bloques finales en serie, nos queda:

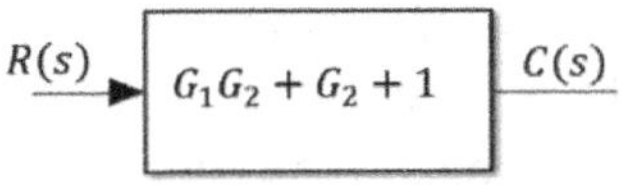

$$R(s) \rightarrow \boxed{G_1 G_2 + G_2 + 1} \quad C(s)$$

Figura 2.62: Resultado del ejercicio 4.

Entonces:

$$\frac{C(s)}{R(s)} = G_1 G_2 + G_2 + 1$$

También se pudo resolver por otro método:

Como la señal $X(s)$ es la suma de 2 señales $G_1 R(s)$ y $R(s)$, se tiene:

$$X(s) = G_1 R(s) + R(s)$$

La señal de salida $C(s)$ es la suma de $G_2 X(s)$ y $R(s)$. Por lo tanto:

$$C(s) = G_2(s) + R(s) = G_2(s)[G_1(s)R(s) + R(s)] + R(s)$$

Y así se consigue el mismo resultado:

$$\frac{C(s)}{R(s)} = G_1 G_2 + G_2 + 1$$

Capítulo 3

La transformada de Laplace

3.1. Definición

La transformada de Laplace convierte una función $g(t)$ del dominio tiempo, definida para tiempos mayores o iguales a cero, en una funcion $G(s)$ propia del dominio s mediante la integral impropia descrita en la ecuación (3.1).

$$L\{y(t)\} = \int_0^\infty y(t)e^{-st}dt = Y(s) \tag{3.1}$$

De esta forma, si la integral existe, se dice que $G(s)$ es la transformada de Laplace de la función $g(t)$. El factor s es un numero complejo: $s = s + jw$, por lo cual toda función $G(s)$ puede representarse en el plano cartesiano s, según se muestra en la figura 3.1.

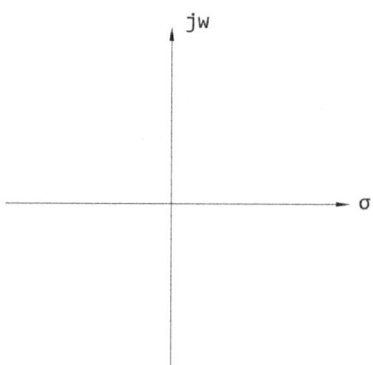

Figura 3.1: Plano s compuesta por el eje real σ y un eje imaginario jw.

La transformada de Laplace convierte una ecuación diferencial de orden n en una ecuación algebraica de grado equivalente al orden de la ecuación diferencial, por lo que los polinomios del numerador y el denominador de $G(s)$ pueden representarse por medio de sus respectivas raíces, como se indica en la ecuación (3.2)

$$Y(s) = \frac{(s + z_0)(s + z_1)...}{(s + p_0)(s + p_1)...} \tag{3.2}$$

A las raíces del polinomio del numerador se les llama ceros y se representan por círculos en el plano s. A las raíces del polinomio del denominador se les denomina polos y se representan por un símbolo a manera de cruz en el plano s.

3.2. Transformada inversa de Laplace

El proceso inverso de encontrar la función del tiempo $y(t)$ a partir de la transformada de Laplace $Y(s)$ se denomina transformada inversa de Laplace. La notación para la transformada es L^{-1}. Se obtiene mediante la siguiente integral de inversión descrita en la ecuación (3.3):

$$y(t) = L^{-1}[Y(s)] = \lim_{w \to \infty} \left(\frac{1}{2\pi j}\right) \int_{\sigma - j\infty}^{\sigma + j\infty} Y(s)e^{st}ds, \quad para \ t > 0 \tag{3.3}$$

Donde σ , la abscisa de convergencia, es una constante real. Por lo tanto, la trayectoria de integración es paralela al eje jw y se desplaza una cantidad σ a partir de él. En nuestro caso, la transformada de Laplace se aplicará generalmente a señales incrementales nulas para $t < 0$, obteniendo la ecuación (3.4):

$$Y(s) = L[\Delta y(t)] = \int_0^\infty \Delta y(t)e^{-st}dt \tag{3.4}$$

En los casos tratados, las funciones que se manejan son racionales

$$Y(s) = \frac{q(s)}{p(s)}$$

con $q(s)$ de grado m , $p(s)$ de grado n y $n >= m$, por lo que son composición que se encuentra representada en las tablas. El proceso que se sigue es descomponer previamente en fracciones simples la función deseada y de esta manera se halla la transformada inversa de cada sumando con la ayuda de la tabla de transformadas.

Los casos que pueden darse, según la naturaleza de las raíces de $p(s)$, cuando $n > m$. El caso $n = m$ se resuelve llevando a cabo primero la descomposición.

$$Y(s) = \frac{q(s)}{p(s)} = c + \frac{\tilde{q}(s)}{p(s)}$$

con grado $\tilde{q}(s)$ = grado $p(s) - 1$.

Descomposición en fracciones parciales

Caso I: Raíces simples

Para el primer caso, se tiene la ecuación (3.5):

$$Y(s) = \frac{q(s)}{\prod_{i=1}^{n}(s - p_i)} = \sum_{i=1}^{n} \frac{A_i}{s - p_i} \qquad (3.5)$$

Por lo que:

$$\Delta y(t) = L^{-1}\left[\sum_{i=1}^{n} \frac{A_i}{s - p_i}\right] = \sum_{i=1}^{n} A_i e^{p_i t} u_0(t)$$

Donde los coeficientes se obtienen como:

$$A_i = [Y(s)(s - p_i)]_{s=p_i}$$

Ejemplo
Obtenga la transformada inversa de la función:

$$Y(s) = \frac{3}{s(s + 2)(s + 0.5)}$$

Solución
Con las raíces podemos ver que se trata de un caso con raíces reales simples.

$$Y(s) = \frac{A_1}{s} + \frac{A_2}{s + 2} + \frac{A_3}{s + 0.5}$$

Donde los coeficientes se obtienen como:

$$A_1 = [Y(s)s]_{s=0} = \frac{3}{(2)(0.5)} = 3$$

$$A_2 = [Y(s)(s+2)]_{s=-2} = \frac{3}{(-2)(-1.5)} = 1$$

$$A_3 = [Y(s)(s+0.5)]_{s=-0.5} = \frac{3}{(-0.5)(1.5)} = -4$$

Se obtiene:

$$Y(s) = \frac{3}{s} + \frac{1}{s+2} + \frac{4}{s+0.5}$$

Y la transformada inversa de cada fracción:

$$\Delta y(t) = [3 + e^{-2t} - 4e^{-0.5t}]u_0(t)$$

Se obtiene directamente de la tabla de transformadas.

Caso II: Raíces múltiples

Para el segundo caso, si la raíz p_i tiene multiplicidad r, el término correspondiente da lugar a la descomposición descrita en la ecuación (3.6).

$$Y(s) = ... + \frac{B_r}{(s-p_i)^r} + ... + \frac{B_r}{(s-p_i)^2} + \frac{B_r}{s-p_i} + ... \qquad (3.6)$$

$$\Delta y(t) = [... + B_r\frac{t^{t-1}}{(r-1)!}e^{p_i t} + ... + B_2 t e^{p_i t} + B_1 e^{p_i t} + ...]u_0(t)$$

Con:

$$B_r = [Y(s(s-p_i)^r)]_{s=p_i}$$

$$B_{r-1} = \frac{1}{1!}[\frac{d}{ds}Y(s(s-p_i)^r)]_{s=p_i}$$

$$B_{r-2} = \frac{1}{2!}[\frac{d^2}{ds^2}Y(s(s-p_i)^r)]_{s=p_i}$$

$$.................$$

$$B_1 = \frac{1}{(r-1)!}[\frac{d^{(r-1)}}{ds^{(r-1)}}Y(s(s-p_i)^r)]_{s=p_i}$$

Ejemplo

Dada la función obtenga la transformada inversa

$$Y(s) = \frac{0.5}{(s+2)(s+1.5)^2}$$

Solución

Con las raíces podemos ver que se trata de un caso con raíces reales múltiples:

$$Y(s) = \frac{A_1}{(s+2)} + \frac{B_2}{(s+1.5)^2} + \frac{B_1}{s+1.5}$$

Donde los coeficientes se obtienen como:

$$A_1 = [Y(s)(s+2)]_{s=-2} = \frac{0.5}{(-0.5)^2} = 2$$

$$B_2 = [Y(s)(s+1.5)^2]_{s=-1.5} = \frac{0.5}{(0.5)} = 1$$

$$B_1 = [\frac{d}{ds}Y(s)(s+1.5)^2]_{s=-1.5} = [\frac{-0.5}{(s+2)^2}]_{s=-1.5} = \frac{0.5}{(0.5)^2} = -2$$

Se obtiene:

$$Y(s) = \frac{2}{(s+2)} + \frac{1}{(s+1.5)^2} + \frac{2}{s+1.5}$$

Y la transformada inversa de cada fracción:

$$\Delta y(t) = [2e^{-2t} - te^{-1.5t} - 2e^{-1.5t}]u_0(t)$$

Se obtiene directamente de la tabla de transformadas.

Caso III: Raíces complejas conjugadas

El tercer caso se puede resolver de dos formas:

1. El primer método consiste en hacer la descomposición en fracciones simples considerando las raíces complejas independientes.

2. El segundo método consiste en agrupar ambas raíces $(-\sigma \pm jw_d)$ en un solo sumando, que se puede descomponer en la ecuación (3.7).

$$Y(s) = ... + \frac{C_1(s+\sigma)}{(s-\sigma)^2 + w_d^2} \tag{3.7}$$

Obteniendo:

$$\Delta y(t) = [... + C_1 cos(w_d t)e^{-\sigma t} + C_3 sin(w_d t)e^{-\sigma t} + ...]u_0(t)$$

Donde C_1 y C_3 se calculan igualando numeradores en la expresión de $Y(s)$.

Ejemplo

Dada la función obtenga la transformada inversa.

$$Y(s) = \frac{5s + 2}{(s + 1)(s^2 + 4s + 13)} = \frac{5s + 2}{d(s + 1)[(s + 2)^2 + 3^2]}$$

Solución

Con las raíces podemos observar que se trata de una caso con raíces múltiples.

$$Y(s) = \frac{A_1}{(s + 1)} + \frac{C_1 s + C_2}{(s + 2)^2 + 3^2}$$

Donde los coeficientes se obtienen como

$$A_1 = [Y(s)(s + 1)]_{s=-1} = \frac{-3}{1 - 4 + 13} = -0.3$$

Las constantes faltantes se obtienen identificando numeradores:

$$-0.3(s^2 + 4s + 13) + (C_1 s + C_2)(s + 1) = 5s + 2$$

$$(C_1 s + C_2)s^2 + (C_1 + C_2 - 1.2)s + (C_2 - 3.9) = 5s + 2$$

$$\begin{cases} A_1 = -0.3 \\ \\ C_1 = 0.3 \\ \\ C_2 = 5.9 \end{cases}$$

Se obtiene:

$$Y(s) = \frac{0.3}{(s + 1)} + \frac{0.3s + 5.9}{(s + 2)^2 + 3^2}$$

Y la transformada inversa de cada fracción:

$$\Delta y(t) = [-0.3e^{-t} + 0.3cos(3t)e^{-2t} + \frac{53}{3}sin(3t)e^{-2t}]u_0(t)$$

Se obtiene de la tabla de transformadas.

Caso IV: Raíces imaginarias múltiples

Para el cuarto caso, puede ocurrir que a un sistema con raíces imaginarias se le introduzca como entrada una señal senoidal o cosenoidal de su misma frecuencia característica, lo cual origina raíces imaginarias dobles. Se obtiene la ecuación (3.8).

$$Y(s) = ... + \frac{2D_1 w_n s}{(s^2 + w_n^2)^2} + \frac{D_2(s^2 + w_n^2)}{(s^2 + w_n^2)^2} + \frac{D_3 w_n}{(s^2 + w_n^2)} + \frac{D_4 s}{s^2 + w_n^2} + ... \quad (3.8)$$

Obteniendo:

$$\Delta y(t) = [... + D_1 t sin(w_n t) + D_2 t cos(w_n t) + D_3 t sin(w_n t) + D_4 t sin(w_n t) + ...]u_0(t)$$

Donde D_1, D_2, D_3 y D_4 se calculan por igualación de coeficientes en el numerador de $Y(s)$.

Ejemplo

El cálculo de la transformada inversa de la función

$$Y(s) = \frac{1}{(s+2)(s+1)^2}$$

Solución

$$Y(s) = \frac{A_1}{(s+2)} + \frac{2D_1 s}{(s^2+1)^2} + \frac{D_2(s^2-1)}{(s^2+1)^2} + \frac{D_3}{s^2+1} + \frac{D_4 s}{s^2+1}$$

Con los numeradores obtendremos las constantes

$$1 = A_1(s^2+1)^2 + 2D_1 s(s+2) +$$

$$D_2(s^2-1)(s+2) + D_3(s^2+1)(s+2) + D_4 s(s^2+1)(s+2)$$

$$\begin{cases} A_1 + D_4 = 0 \\[2mm] D_2 + D_3 + 2D_4 = 0 \\[2mm] 2A_1 + 2D_1 + 2D_2 + 2D_3 + D_4 = 0 \\[2mm] D_4 - D_4 + D_4 + D_4 = 0 \\[2mm] A_1 - 2D_2 + 2D_3 = 1 \end{cases}$$

De esta manera se obtiene que $A_1 = 0.04$, $D_1 = -0.1$, $D_2 = -0.2$, $D_3 = 0.28$ y $D_4 = -0.04$.

$$Y(s) = 0.04\frac{1}{s+2} - 0.01\frac{2s}{(s^2+1)^2} - 0.2\frac{s^2-1}{(s^2+1)^2} + \frac{0.28}{s^2+1} - 0.04\frac{s}{s^2+1}$$

Al aplicar la tabla de transformadas:

$$\Delta y(t) = [0.04e^{-2t} - 0.1sin(t) - 0.2cos(t) + 0.28sin(t) - 0.04cos(t)]u_0(t)$$

3.3. Propiedades operacionales

Traslación en el eje s

$$L[y(t)e^{\pm at}] = Y(s\mu a) \tag{3.9}$$

Esta propiedad supone un producto de dos funciones. Uno de los términos deberá ser una función exponencial creciente o decreciente y el otro término podrá ser cualquier otra función que no sea exponencial, por ejemplo, potencias de t o funciones de la forma $sin(wt)$ o $cos(wt)$.

Demostración

$$L[y(t)e^{-at}] = \int_0^\infty y(t)e^{-at} \cdot e^{-st}dt = \int_0^\infty y(t)e^{-(s+a)t}dt$$

Como $L[y(t)] = \int_0^\infty y(t)e^{-st}dt = Y(s)$

$$L[y(t)e^{-(s+a)t}] = Y(s+a)$$

Para transformar funciones de la forma de un producto $y(t)$ por exponenciales, crecientes y decrecientes, se obtiene la transformada de Laplace $Y(s)$ de la función $y(t)$, como si estuviera aislada, y a continuación se sustituye s por $(s+a)$ si el exponencial es de la forma e^{-at}, o por $(s-a)$ si el exponencial es de la forma e^{at}

Ejemplo

Obtenga la transformada de Laplace de la siguiente función.

$$L[e^{-4t}cos(2t)]$$

Solución

Para obtener la transformada de Laplace de la función, se aplicará la tabla de transformadas.

$$y(t) = e^{-4t}cos(2t)$$

$$Y(s) = L[e^{-4t}cos(2t)]$$

$$Y(s) = \frac{s+4}{(s+4)^2+4}$$

Traslación en el eje t

La función *escalón unitario* recorrido en el tiempo T unidades hacia la derecha, representada de forma $U(t - T)$, se define como:

$$U(t - T) = \begin{cases} 0, \forall t < T \\ \\ 1, \forall t > T \end{cases}$$

Donde T es el corrimiento en tiempo, lo que significa simplemente una función recorrida T unidades a la derecha del eje t.

La transformada de Laplace de una función recorrida en el tiempo:

$$f(t) = \begin{cases} y(t - T), \forall t > T \\ \\ 0, \forall t < T \end{cases}$$

$$L[f(t)] = e^{-sT} Y(s) \tag{3.10}$$

Demostración

$$L[f(t)] = \int_0^\infty f(t) e^{-st} dt = \int_0^T (0) e^{-st} dt + \int_T^\infty y(t - T) e^{-st} dt$$

Al hacer que $t - T = u$ y $dt = du$, y sustituyendo en la ecuación anterior:

$$L[f(t)] = \int_0^\infty y(u) e^{-s(u+T)} du = e^{-sT} \int_0^\infty y(u) e^{-su} du$$

Por definición: $L[y(t)] = \int_0^\infty y(u) e^{-su} du = Y(s)$

$$L[f(t)] = e^{-sT} \int_0^\infty y(u) e^{-su} du = e^{-st} Y(s)$$

Para transformar funciones de la forma:

$$f(t) = \begin{cases} y(t - T), para \quad t > T \\ \\ 0, para \quad t < T \end{cases}$$

O su equivalente $y(t - T)U(t - T)$, se obtiene la transformada de Laplace $Y(s)$ de la función $y(t)$, como si estuviera aislada, y a continuación $Y(s)$se multiplica por e^{-sT}, donde T es el corrimiento en tiempo.

Ejemplo

Obtenga la transformada de Laplace de la función recorrida en el tiempo 2π unidades y definida como

$$y(t) = sin(t - 2\pi)U(t - 2\pi)$$

Solución

La transformada de Laplace de la función aislada $y(t) = sin(t)$ es:

$$L[sin(t)] = \frac{1}{s^2 + 1}$$

Además, si se considera que el corrimiento en el tiempo $T = 2\pi$, en el dominio s, equivale a multiplicar $Y(s)$ por $e^{-2\pi s}$. El resultado es:

$$L[sin(t - \pi)U(t - 2\pi)] = \frac{1}{s^2 + 1}e^{-2\pi s}$$

Transformadas de derivadas

$$L[y'(t)] = sY(s) - y(0)$$

$$L[y^n(t)] = s^n Y(s) - s^{n-1}y(0) - s^{n-2}y'(0) - ... - sy^{n-2}(0) - y^{n-1}(0) \quad (3.11)$$

Donde $y(0), y'(0), y''(0)$, son condiciones iniciales.

Demostración

$$L[g'(t)] = \int_0^\infty g'(t)e^{-st}dt$$

Al establecer

$$u = e^{-st}du = -se^{-st}dt$$

$$dv = g'(t)dtv = g(t)$$

Para resolver por partes la integral anterior, se tiene:

$$L[g'(t)] = \int_0^\infty g'(t)e^{-st}dt = g(t)e^{-st}|_0^\infty + s\int_0^\infty g(t)e^{-st}dt$$

$$L[g'(t)] = sG(s) - g(0)$$

Transformadas de integrales

$$L[\int_0^t y(u)du] = \frac{Y(s)}{s} \tag{3.12}$$

Demostración

Sea: $f(t) = \int_0^t y(u)du$,

Tal que, si derivamos la expresión anterior $f'(t) = y(t)$, considerando que $f(0) = 0$, y aplicamos la propiedad de transformada de derivadas:

$$L[f'(t)] = sL[f(t)] - f(0) = Y(s)L[f(t)] = \frac{Y(s)}{s}$$

Ejemplo

Conocida la transformada de Laplace de la señal senoidal, obtenga la señal cosenoidal:

$$L[sin(wt)] = \frac{s}{s^2 + w^2}$$

Se inicia de la siguiente relación:

$$cos(wt) = -w\int_0^t sin(w\tau)d\tau + cos(0)$$

Aplicando la transformada de Laplace y haciendo uso de la propiedad anterior:

$$L[cos(wt)] = -wL[\int_0^t sin(w\tau)d\tau + L[cos(0)]$$

$$= -w\frac{1}{s}L[sin(wt)] + \frac{1}{s}$$

$$= -[\frac{-w^2}{s^2 + w^2} + 1] \cdot \frac{1}{s}$$

Es decir:

$$L[cos(wt)] = \frac{s}{s^2 + w^2}$$

3.4. Transformada de Laplace con MatLab

Evaluación de raíces

El comando *roots* determina las raíces de polinomio de grado *n*. Su descripción se encuentra en la tabla 3.1.

Tabla 3.1: Comando *roots* para evaluación de raíces en MatLab.

Comando	Función	Ejecución
roots (p)	Si p es un vector fila con los coeficientes del polinomio $p(s)$, *roots(p)* es un vector columna con las raíces del polinomio $p(s)$.	» p = [1 10 15 20] » r = roots(p) r = $-8.5141 + 0.0000$ i $-0.7429 + 1.3406$ i $-0.7429 - 1.3406$i

Ejemplo

Obtenga los polos y los ceros del sistema:

$$Y(s) = \frac{s+4}{s^3 + 6s^2 + 17s + 13}$$

Solución

```
% Obtención de los ceros y polos de G(s)
% Definición del numerador como vector fila
num = [1 4];
% Definición del denominador como vector fila
den = [1 6 17 13];
% Obtención de la raíz del numerador o "cero"
z = roots(num)
z = -4
%Obtención de las raíces del denominador o "polos"
p = roots(den)
p = -1.1312
-2.4344+2.3593 j
-2.4344-2.3593 j
```

Obtención de polinomios a partir de sus raíces

El comando *poly* obtiene el polinomio de las raíces dadas. La descripción de la utilización del comando se encuentra en la tabla 3.2.

Tabla 3.2: Comando *poly* en MatLab.

Comando	Función	Ejecución
poly(p)	Si r es un vector columna que contiene las raíces de un polinomio, $poly(p)$ es un vector fila con los coeficientes del polinomio.	» r = [-1 ; -2;-3]; » p = poly(r) p = 1 6 11 6

Ejemplo
Obtenga el polinomio asociado a las siguientes raíces:

$$r_1 = -0.5, r_2 = -2, r_3 = -1.5 + 3j \, y \, r_4 = -1.5 - 3j$$

Solución

```
r = [-0.5; -2; -1.5+3j; -1.5-3j];
p = poly(r)
1.0000 5.5000 19.7500 31.1250 11.2500
```

Lo que equivale a este polinomio de grado 4:

$$s^4 + 5.5s^3 + 19.75s^2 + 31.125s + 11.25$$

Convolución

El comando *conv* lleva a cabo el producto de funciones representadas en el dominio *s*.

Tabla 3.3: Comando *conv* en MatLab.

Comando	Función	Ejecución
conv(p,q)	Producto de funciones en el dominio *s*	» p = [1 8 2]; » q = [1 3]; » n = conv(p,q) n = 1 1 11 26 6

Ejemplo

Obtenga el producto resultante de $(s^2 4.5s + 7)(s + 4)$.

Solución

```
% La convolución
 z = conv ([1 4],[1 4.5 7]);
z =
1.0000 8.5000 25.0000 28.0000
```

Lo que equivale a este polinomio de grado 3:

$$s^3 + 8.5s^2 + 25s + 28$$

Representación de polos y ceros en el plano s

El comando *pzmap* efectúa la representación gráfica de polos y ceros en el plano *s* de una función racional previamente definida.

Tabla 3.4: Comando *pzmap* en MatLab.

Comando	Función	Ejecución
pzmap (n,d)	Gráfica de polos y ceros en el plano s de $\frac{n(s)}{p(s)}$	» G = tf([1 -4 20],[1 7 20 50]); » pzmap (G)

Ejemplo

Obtenga la representación gráfica en el plano s de los polos y ceros de:

$$Y(s) = \frac{s+4}{s^3 + 6s^2 + 17s + 13}$$

Solución

```
Y = tf ([1 4],[1 6 17 13]);
pzmap(Y)
```

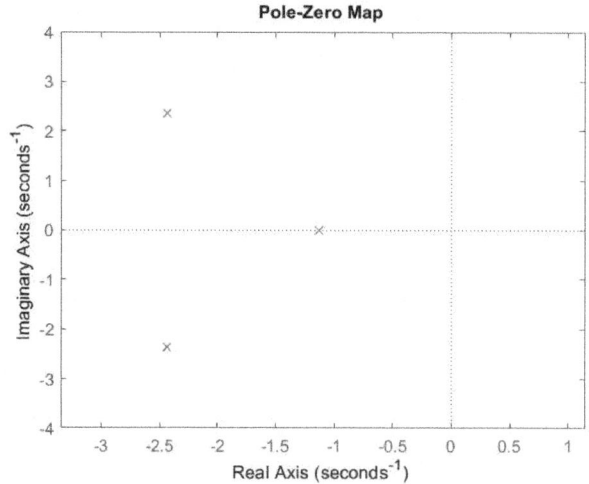

Figura 3.2: Gráfica de los polos y ceros en MatLab.

Nota: Con Matlab es posible determinar las transformadas de Laplace directa e inversa, respectivamente, con la utilización de los comandos *laplace* e *ilaplace*, junto con la instrucción *syms*, que genera variables simbólicas. Por ejemplo, *t* y *s* (para transformar del dominio *t* a dominio *s*) y *s* y *t* (para transformar del dominio *s* al dominio *t*).

3.5. Ejercicios con MatLab

Ejercicio 1

Obtener la transformada de Laplace del escalón unitario como función simbólica.

Solución

```
% Definición de escalón unitario como simbólico
yt = sym('1');
% Obtención de la Transformada
Y = laplace (yt);
Y =
1/s
```

Lo que corresponde a:

$$L[u_0(t)] = \frac{1}{s}$$

Ejercicio 2

Obtener la transformada de Laplace del seno como función simbólica.

Solución

```
% Definición 't' y 'wo' como símbolos
syms t wo;
% Definición función simbólica
y = sin(wo*t);
% Obtención de la transformada
Y = laplace(y)
```

Lo que corresponde a:

$$L[sin(w_o t)u_0(t)] = \frac{w_o}{s^2 + w_o^2}$$

Ejercicio 3

Obtener la transformada de Laplace del producto de la exponencial y el coseno como función simbólica.

Solución

```
% Definición 't', 'wd' y 'a' como símbolos
syms t wd a;
% Definición función simbólica
y = exp(-a*t)*cos(wd*t);
Y = laplace(y)
```

Lo que corresponde a:

$$L[e^{-at}cos(wd \cdot t)] = \frac{(s+a)}{(s+a)^2 + w_d^2}$$

Ejercicio 4

Obtenga la transformada de Laplace al dominio s.

$$y(t) = 8sin(4t) - 5cos(4t)$$

Solución

```
syms t s
y = 8*sin(4*t)-5*cos(4*t);
Y = laplace(y)
```

Por lo tanto:

$$L[8sin(4t) - 5cos(4t)] = \frac{32}{s^2 + 16} - \frac{5s}{s^2 + 16}$$

Ejercicio 5

Obtenga la transformada inversa de Laplace.

$$Y(s) = \frac{6s - 4}{s^2 + 4s + 20}$$

Solución

Por lo tanto:

$$L[\frac{6s - 4}{s^2 + 4s + 20}] = 6e^{-2t}cos(4t) - 4e^{-2t}sin(4t)$$

Ejercicio 6

Descomponer en fracciones simples la función siguiente.

$$Y(s) = \frac{0.5}{(s + 2)(s + 1.5)^2}$$

Guardando en "A_i" los numeradores, en "p_i" las raíces y en "c" el término entrada-salida:

Solución

```
clear
» [Ai, pi, c] = residue(0.5, conv([1 2], conv([1
1.5], [1 1.5])))
Ai =
2.0000
-2.0000
1.0000
pi =
-2.0000
-1.5000
-1.5000
c=
```

Por lo tanto:

$$Y(s) = \frac{2}{s+2} + \frac{-2}{s+1.5} + \frac{1}{(s+1.5)^2}$$

3.6. Transformadas de Laplace de funciones típicas

N°	Tabla de transformadas de Laplace		
1	$\Delta y(t)$	$Y(s)$	
2	$\delta(t)$	1	$s > 0$
3	$u_0(t)$	$\frac{1}{s}$	$s > 0$
4	$t \cdot u_0(t)$	$\frac{1}{s^2}$	$s > 0$
5	$\frac{t^2}{2} \cdot u_0(t)$	$\frac{1}{s^3}$	$s > 0$
6	$e^{-at} u_0(t)$	$\frac{1}{s+a}$	$s > a$
7	$1 - e^{-at} u_0(t)$	$\frac{a}{s(s+a)}$	$s > a$
8	$te^{-at} u_0(t)$	$\frac{1}{(s+a)^2}$	$s > a$
9	$\frac{t^2}{2} e^{-at} u_0(t)$	$\frac{1}{(s+a)^3}$	$s > a$
10	$sin(w_n t) u_0(t)$	$\frac{w_n}{s^2+w_n^2}$	$s > 0$
11	$cos(w_n t) u_0(t)$	$\frac{s}{s^2+w_n^2}$	$s > 0$
12	$tsin(w_n t) u_0(t)$	$\frac{2w_n s}{(s^2+w_n^2)^2}$	$s > 0$
13	$tcos(w_n t) u_0(t)$	$\frac{s^2-w_n^2}{(s^2+w_n^2)^2}$	$s > 0$
14	$sin(w_d t) e^{-\sigma t} u_0(t)$	$\frac{w_d}{(s+\sigma)^2 w_d^2}$	$s > \sigma$
15	$cos(w_d t) e^{-\sigma t} u_0(t)$	$\frac{s+\sigma}{(s+\sigma)^2+w_d^2}$	$s > \sigma$

Capítulo 4

Modelado dinámico de sistemas

4.1. La función de transferencia

La función de transferencia de un sistema descrito mediante una ecuación diferencial lineal e invariante en el tiempo se define como el cociente entre la transformada de Laplace de la salida (función de respuesta) y la transformada de Laplace de la entrada (función de excitación) suponiendo que todas las condiciones iniciales son cero.

Definición

Sea un sistema que, ante una entrada $\Delta u(t)$, responde con salida $\Delta y(t)$, con $\Delta u(t) = \Delta y(t) = 0, \forall t < 0$.

Figura 4.1: Entrada y salida de un sistema.

Considere las siguientes condiciones:

Para cualquier entrada que posea $L[\Delta u(t)]$, también existe $L[\Delta y(t)]$. El cociente para cualquier entrada que posea $L[\Delta u(t)]$ será

$$\frac{[\Delta y(t)]}{\Delta u(t)}$$

Siempre independiente de la entrada.

Este cociente, que es función de s, lo denotaremos como $G(s)$. El producto $Y(s) = G(s)U(s)$ se simboliza mediante el siguiente bloque:

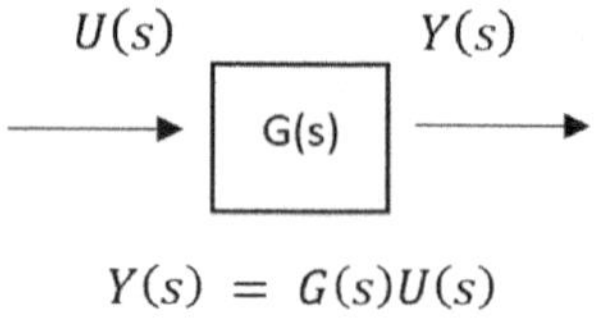

Figura 4.2: Función de transferencia de entrada y salida de un sistema.

$$G(s) = \frac{Y(s)}{U(s)} \tag{4.1}$$

Ejemplo analítico

Se tiene un sistema cuya respuesta ante entrada escalón unitario es $[7 - 7e^{-\frac{1}{2}t}]u_0(t)$ y cuya respuesta a la rampa unitaria es $[7t - 14 + 14e^{-\frac{1}{2}t}]u_0(t)$. Utilizando el primer par entrada / salida de la función de transferencia resulta:

$$G(s) = \frac{L[[7 - 7e^{-\frac{1}{2}t}]u_0(t)]}{L[u_0(t)]} = \frac{\frac{7}{s} - \frac{7}{s+0.5}}{\frac{1}{s}} = \frac{\frac{3.5}{s(s+0.5)}}{\frac{1}{s}} = \frac{3.5}{s + 0.5}$$

Ahora con el segundo par tenemos

$$G(s) = \frac{L[[7t - 14 + 14e^{-\frac{t}{2}}]u_0(t)]}{L[tu_0(t)]} = \frac{\frac{7}{s^2} - \frac{14}{s} + \frac{14}{s+0.5}}{\frac{1}{s^2}} = \frac{\frac{3.5}{s^2(s+0.5)}}{\frac{1}{s^2}} = \frac{3.5}{s + 0.5}$$

Puede observarse que la función de transferencia es única.

Ejercicio en MatLab

```
clc
clear
G=tf ([3.5],[1 0.5])
%%Señal escalón unitario step(G)
grid on
%%Respuesta en función del tiempo
t=0:0.01:20
y=7-7*exp(-0.5*t)
figure
```

```
plot (t,y)
grid on
title ('Señal escalón unitario')
xlabel('Tiempo (s)');
ylabel('Amplitud')
```

La respuesta que nos indican, aplicando la señal escalón unitario en las dos representaciones:

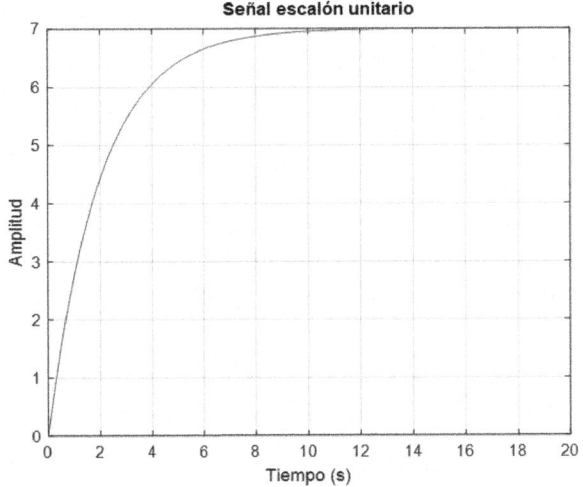

Figura 4.3: Respuesta ante señal escalón unitario

Sistema Híbrido

El sistema híbrido consiste en muestrear y reconstruir una señal, con entrada y salida continuas.

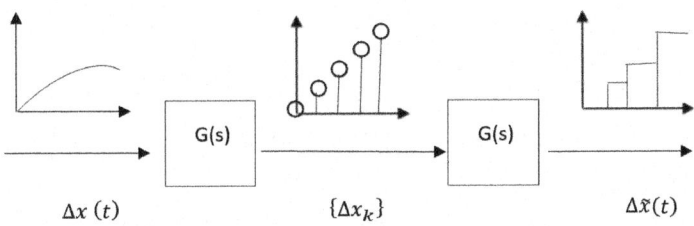

Figura 4.4: Representación de sistema híbrido.

No tiene función de transferencia, ya que dos entradas $x(t)$ diferentes podrían dar lugar a la salida igual $\tilde{x}(t)$, con lo que el cociente entre $\frac{\tilde{X}(s)}{X(s)}$ no es independiente de la entrada. Observe que, si existe función de transferencia, el sistema es lineal, ya que, si ante una entrada $U_1(s)$ la salida es $Y_1(s)$, y ante entrada $U_2(s)$ la salida es $Y_2(s)$, entonces, ante entrada $c_1U_1(s) + c_2U_2(s)$, la salida es $c_1Y_1(s) + c_2Y_2(s)$:

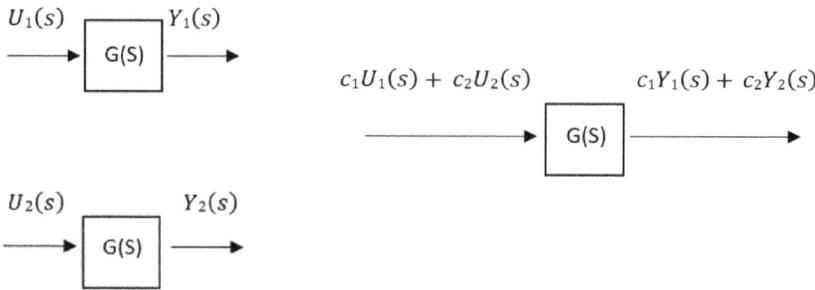

Figura 4.5: Representación de sistema híbrido.

Efectivamente, multiplicando las dos primeras ecuaciones por c1 y c2, respectivamente, y sumándolas, se obtiene la tercera:

$$c_1 x[Y_1(s) = G(s)U_1(s)]$$

$$c_2 x[Y_2(s) = G(s)U_2(s)]$$

- -

$$c_1 Y_1(s) + c_2 Y_2(s) = G(s)[c_1U_1(s) + c_2U_2(s)]$$

Sistemas diferenciales invariantes

Para obtener la función de transferencia a partir de la ecuación diferencial que modela el sistema, ésta ecuación diferencial deberá ser lineal e invariante.

Demostración de la función de transferencia

$$a_n y^{(n)}(t) + a_{n-1}y^{(n-1)}(t) + ... + a_1\dot{y}(t) + a_0 y(t)$$
$$= b_m u^m(t) + b_{m-1}u^{m-1}(t) + ... + b_1\dot{u}(t) + b_0 u(t)$$

Para obtener la función de transferencia se aplica la transformada de Laplace en los dos miembros.

$$a_n L[y^n(t)] + a_{n-1}L[y^{n-1}(t)] + ... + a_1 L[\dot{y}(t)] + a_0 L[y(t)]$$
$$= b_m L[u^m(t)] + b_{m-1}L[u^{m-1}(t)] + ... + b_1 L[\dot{u}(t)] + b_0 L[u(t)]$$

Se debe tener en cuenta que la transformada de Laplace se aplica solo a ecuaciones diferenciales lineales. Las no lineales no tiene función de transferencia. En este caso:

$$a_n s^n Y(s) + a_{n-1} s^{n-1} Y(s) + \ldots + a_1 s Y(s) + a_0 Y(s)$$
$$= b_m s^m U(s) + b_{m-1} s^{m-1} U(s) + \ldots + b_1 s U(s) + b_0 U(s) + r(s)$$

Así pues:

$$Y(s) = \frac{b_m s^m + b_{m-1} s^{m-1} + \ldots + b_1 s + b_0}{a_n s^n + a_{n-1} s^{n-1} + \ldots + a_1 s + a_0} + U(s) + \frac{r(s)}{a_n s^n + a_{n-1} s^{n-1} + \ldots + a_1 s + a_0}$$

$$Y(s) = \frac{q(s)}{p(s)} U(s) + \frac{r(s)}{p(s)}$$

Con la expresión obtenida se puede observar el polinomio $p(s)$, al cual se le denomina polinomio característico. Y $r(s)$ es el polinomio de las condiciones iniciales.

El polinomio característico es de grado n y $q(s)$, de grado m. Donde $m \leq n$ y $r(s)$ de grado $r < n$.

Debido a $\Delta u(t) = \Delta y(t) = 0, \forall t < 0$, se verifica que $r(s) = 0$, cancelándose las condiciones iniciales. Entonces:

$$G(s) = \frac{Y(s)}{U(s)} = \frac{q(s)}{p(s)} = \frac{b_m s^m + b_{m-1} s^{m-1} + \ldots + b_1 s + b_0}{a_n s^n + a_{n-1} s^{n-1} + \ldots + a_1 s + a_0} \qquad (4.2)$$

Ejercicio
Dado el sistema modelado por la ecuación:

$$a_2 \Delta \ddot{y}(t) + a_1 \Delta \dot{y}(t) + a_0 \Delta y(t) = b_2 \Delta \ddot{u}(t) + b_1 \Delta \dot{u}(t) + b_0 \Delta u(t)$$

Solución

Condiciones de frontera: todas las entradas son nulas para $t < 0$,

Primera integración

$$a_2 \Delta \dot{y}(t) + a_1 \Delta y(t) a_0 \int_{-\infty}^{t} \Delta y(\mu) d\mu$$

$$= b_2 \Delta \dot{u}(t) + b_1 \Delta u(t) + b_0 \int_{-\infty}^{t} \Delta y(\mu) d\mu$$

Con $t = 0$ se obtiene:

$$a_2\Delta\dot{y}(0) + a_1\Delta y(0) = b_2\Delta\dot{u}(0) + b_1\Delta u(0)$$

Segunda integración

$$a_2\Delta y(t) + a_1\int_{-\infty}^{t}\Delta y(\mu)d\mu + a_0\int_{-\infty}^{t}\int_{-\infty}^{\mu_2}\Delta y(\mu_1)d\mu_1 d\mu_2$$

$$= b_2\Delta u(t) + b_1\int_{-\infty}^{t}\Delta u(\mu)d\mu + b_0\int_{-\infty}^{t}\int_{-\infty}^{\mu_2}\Delta u(\mu_1)d\mu_1 d\mu_2$$

Con $t = 0$ se obtiene:

$$a_2\Delta y(0) = b_2\Delta u(0)$$

Si ahora se aplica la transformada de Laplace a la ecuación diferencial:

$$a_2 s^2 Y(s) - a_2 s\Delta y(0) - a_2\Delta y(0) + a_1 s Y(s) - a_1\Delta y(0) + a_0 Y(s)$$

$$= b_2 s^2 U(s) - b_2 s\Delta u(0) - b_2\Delta\dot{u}(0) + b_1 s U(s) - b_1\Delta u(0) + b_0 U(s)$$

De la ecuación anterior se observa que todos los términos que no incluyen $Y(s)$ ni $U(s)$ se eliminan:

$$a_2 s^2 Y(s) + a_1 s Y(s) + a_0 Y(s) = b_2 s^2 U(s) + b_1 s U(s) + b_0 U(s)$$

Es decir:

$$G(s) = \frac{Y(s)}{U(s)} = \frac{b_2 s^2 + b_1 s + b_0}{a_2 s^2 + a_1 s + a_0}$$

Ejercicio en MatLab

```
clc
clear
syms s
G=(2*exp(-5*s))/(s+3)
Y=ilaplace(G)
t=0:0.1:20
y=2.*heaviside(t - 5).*exp(15 - 3.*t)
plot (t,y)
grid on
```

```
title('Función de transferencia exponencial')
xlabel('Tiempo')
ylabel('Amplitud')
```

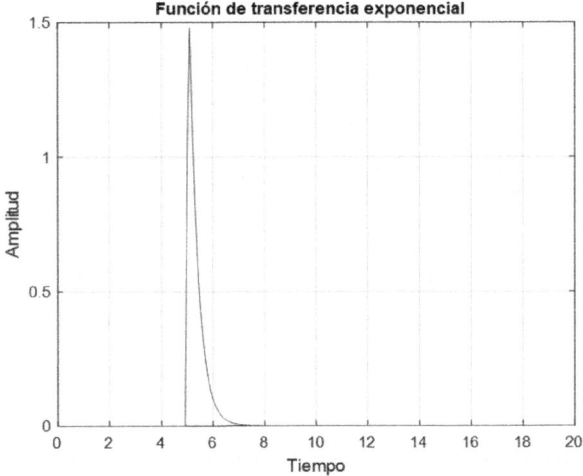

Figura 4.6: Gráfica de función de transferencia, ejemplo

La función de transferencia, al contener una exponencial negativa, la respuesta ante una señal escalón la gráfica es similar a la respuesta de una señal impulso de una función ordinaria.

4.2. Modelado de sistemas mecánicos

Elementos del sistema masa-resorte-amortiguador

Resorte: modelan la deformación elástica de los materiales.

- Traslación: resorte común, ver figura 4.7.

$$F_k = k \cdot \Delta x = k \cdot (x_1 - x_2) \tag{4.3}$$

- Rotación: resorte de torsión, ver figura 4.8.

$$T_k = k \cdot \Delta \theta = k \cdot (\theta_1 - \theta_2) \tag{4.4}$$

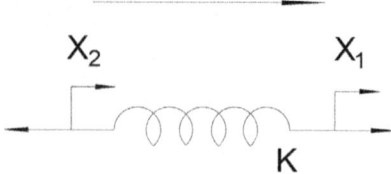

Figura 4.7: Resorte común

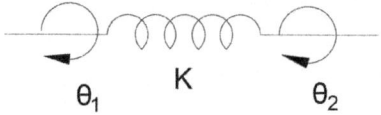

Figura 4.8: Resorte de torsión.

Amortiguador: modelan la fricción entre elementos (generalmente fricción viscosa).

- Traslación: amortiguador, ver figura 4.9.

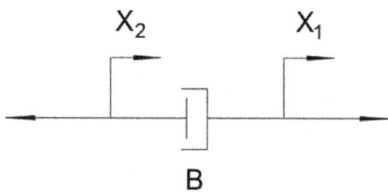

Figura 4.9: Resorte común.

$$F_B = B \cdot x' = B \cdot (x'_1 - x'_2) \qquad (4.5)$$

- Rotación: rodamiento, ver figura 4.10.

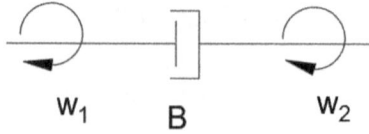

Figura 4.10: Resorte de torsión.

$$T_B = B \cdot \theta' = B \cdot (\theta'_1 - \theta'_2) \qquad (4.6)$$

Engranajes: modelan el acople entre dos ejes de rotación.

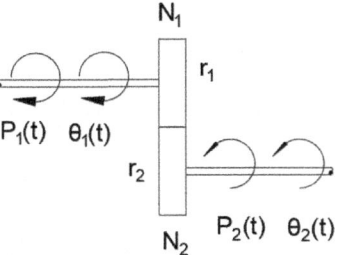

Figura 4.11: Resorte común.

- Número de dientes y radio:

$$\frac{N_1}{N_2} = \frac{r_1}{r_2} \tag{4.7}$$

- Desplazamiento lineal:

$$\theta_1 \cdot r_1 = \theta_2 \cdot r_2 \tag{4.8}$$

- Trabajo angular:

$$T_1 \cdot \theta_1 = T_2 \cdot \theta_2 \tag{4.9}$$

Ejercicio 1

Encontrar la ecuación diferencial y la función de transferencia del siguiente sistema.

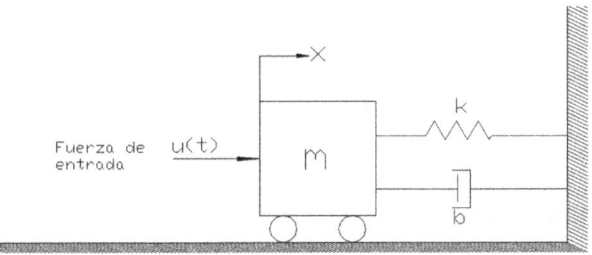

Figura 4.12: Sistema masa-resorte-amortiguador.

Solución

Primero se deben identificar las entradas y salidas del sistema. En este caso la entrada es la fuerza $u(t)$ y la salida es el desplazamiento de la masa m producto de la fuerza. Además, el sistema considera la fricción viscosa mediante el amortiguamiento b y la deformación elástica de los materiales mediante el resorte k.

Ecuación diferencial

Diagrama de cuerpo libre:

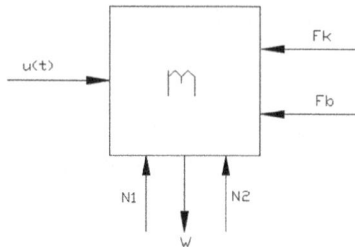

Figura 4.13: Diagrama de cuerpo libre del sistema.

Sumatorias de fuerzas:

Se realiza la sumatoria en el eje X debido a que en aquel eje se encuentran las variables de estudio (entrada y salida):

$$\sum F_x = m \cdot x''$$

$$u(t) - F_k - F_b = m \cdot x''$$

Al dejar solo a $u(t)$ se obtiene la ecuación (4.10), que es la ecuación diferencial ordinaria no homogénea que describe el sistema:

$$mx'' + bx' + kx = u(t) \tag{4.10}$$

Al despejar x'' (aceleración) se obtiene:

$$x'' = \frac{u(t) - bx' - kx}{m}$$

Función de transferencia

Aplicar la transformada de Laplace a la ecuación diferencial ordinaria (4.10). Obteniendo:

$$ms^2 X(s) + bsX(s) + kX(s) = U(s)$$

Factor común $X(s)$:

$$[ms^2 + bs + k]X(s) = U(s)$$

Despejando $\frac{X(s)}{U(s)}$, se obtiene finalmente la función de transferencia del sistema descrita en la ecuación (4.11):

$$\frac{X(s)}{U(s)} = \frac{1}{ms^2 + bs + k} \tag{4.11}$$

Ecuación diferencial en Simulink y función de transferencia en Simulink

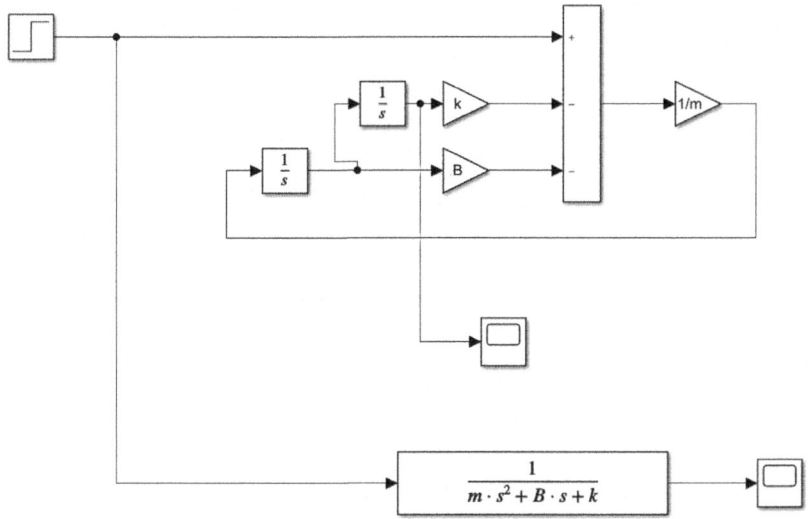

Figura 4.14: Ecuación diferencial y función de transferencia en Simulink.

Ejercicio 2

Encontrar la ecuación diferencial y la función de transferencia del siguiente sistema:

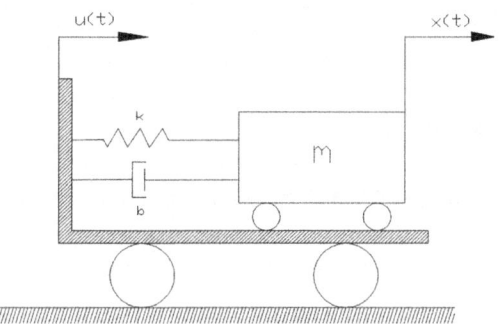

Figura 4.15: Sistema masa-resorte-amortiguador con desplazamiento como entrada.

Solución

Primero se deben identificar las entradas y salidas del sistema. En este caso la entrada es el desplazamiento $u(t)$ y la salida es el desplazamiento $x(t)$ de la masa m. Además, el sistema considera la fricción viscosa mediante el amortiguamiento b y la deformación elástica de los materiales mediante el resorte k.

Ecuación diferencial

Diagrama de cuerpo libre:

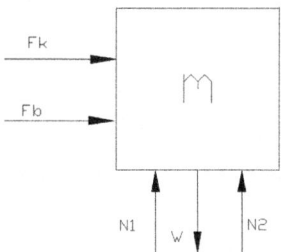

Figura 4.16: Diagrama de cuerpo libre del sistema.

Sumatorias de fuerzas:

$$\sum F_x = m \cdot x''$$

$$F_k + F_b = m \cdot x''$$

$$k(u - x) + b(u' - x') = m \cdot x''$$

Al dejar solo a $u(t)$ en un lado de la ecuación se obtiene la ecuación (4.12), que es la ecuación diferencial ordinaria no homogénea que describe el sistema.

$$mx'' + bx' + kx = bu' + ku \tag{4.12}$$

Al despejar x'' (aceleración) se obtiene:

$$x'' = \frac{bu' + ku - bx' - kx}{m}$$

Función de transferencia

Aplicar la transformada de Laplace a la ecuación diferencial ordinaria (4.12). Obteniendo:

$$[ms^2 + bs + k]X(s) = [bs + k]U(s)$$

Despejando $\frac{X(s)}{U(s)}$, se obtiene finalmente la función de transferencia del sistema descrita en la ecuación (4.13):

$$G(s) = \frac{X(s)}{U(s)} = \frac{bs + k}{ms^2 + bs + k} \tag{4.13}$$

Función de transferencia en Simulink

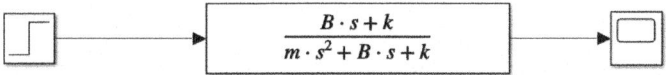

Figura 4.17: Función de transferencia en Simulink.

Ejercicio 5

Obtener el modelo matemático que relacione la entrada $u(t)$ con las salidas $x_1(t)$ y $x_2(t)$

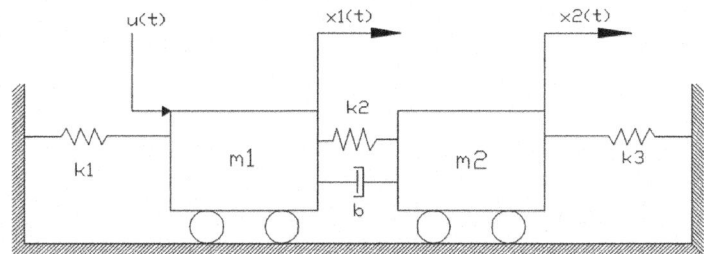

Figura 4.18: Sistema de dos masas-resorte-amortiguador.

Solución

Primero se deben identificar las entradas y salidas del sistema. En este caso la entrada es el desplazamiento $u(t)$ y la salida son los desplazamientos $x_1(t)$ y $x_2(t)$ de la masa m_1 y de la masa m_2, respectivamente. Además, el sistema considera la fricción viscosa mediante el amortiguamiento b y la deformación elástica de los materiales mediante tres resortes k_1, k_2 y k_3.

Análisis de la Masa m_1

Diagrama de cuerpo libre:

Sumatorias de fuerzas:

$$\sum F_x = m_1 \cdot x_1''$$

$$u(t) - F_{k1} - F_{k2} - F_b = m_1 \cdot x_1''$$

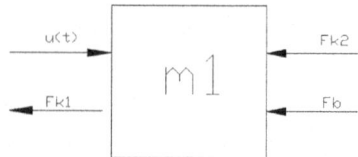

Figura 4.19: Diagrama de cuerpo libre de la masa m_1.

En el presente caso se debe tener en cuenta que la F_{k2} pertenece al resorte que está conectado a las dos masas, por tanto el desplazamiento total dependerá de los dos desplazamientos. En consecuencia, se representa como la diferencia de los desplazamientos x_1 y x_2. Esto también se cumple para el caso de las velocidades x'_1 y x'_2.

$$u(t) - k_1 x_1 - k_2(x_1 - x_2) - b(x'_1 - x'_2) = m_1 \cdot x''_1$$

$$u(t) - k_1 \cdot x_1 - k_2 \cdot x_1 + k_2 \cdot x_2 - b \cdot x'_1 + b \cdot x'_2 = m_1 \cdot x''_1$$

$$u(t) - k_2 \cdot x_2 + b \cdot x'_2 = m_1 \cdot x''_1 + b \cdot x'_1 + k_1 \cdot x_1 + k_2 \cdot x_1$$

Ecuación diferencial simplificada:

$$u(t) - k_2 \cdot x_2 + b \cdot x'_2 = m_1 \cdot x''_1 + b \cdot x'_1 + (k_1 + k_2) \cdot x_1$$

Despejando x''_1:

$$x''_1 = \frac{u(t) + k_2 \cdot x_2 + b \cdot x'_2 - b \cdot x'_1 - (k_1 + k_2) \cdot x_1}{m_1}$$

Transformada de Laplace

$$U(s) + (bs + k_2)X_2(s) = (m_1 s^2 + bs + (k_1 + k_2))X_1(s) \qquad (4.14)$$

Análisis de la masa m_2
Diagrama de cuerpo libre:

Figura 4.20: Diagrama de cuerpo libre de la masa m_2.

Sumatorias de fuerzas:

$$\sum F_x = m_2 \cdot x_2''$$

$$F_{k2} + F_b - F_{k3} = m_2 \cdot x_2''$$

$$k_2 \cdot (x_1 - x_2) + b \cdot (x_1' - x_2') - k_3 \cdot x_2 = m_2 \cdot x_2''$$

$$k_2 \cdot x_1 - k_2 \cdot x_2 + b \cdot x_1' - b \cdot x_2' - k_3 \cdot x_2 = m_2 x_2''$$

Despejando x_2'':

$$x_2'' = \frac{k_2 \cdot x_1 + b \cdot x_1' - b \cdot x_2' - (k_2 + k_3) \cdot x_2}{m_2}$$

Transformada de Laplace

$$(b \cdot s + k_2)X_1(s) = (m_2 \cdot s^2 + b \cdot s + (k_2 + k_3))X_2(s) \qquad (4.15)$$

Función de transferencia

Para obtener la función de transferencia se debe tener en cuenta que se tienen dos salidas con una entrada. Por tanto, se requieren dos funciones de transferencia, uno que relaciones la entrada $u(t)$ y $x_1(t)$ (ecuación (4.16)) y la otra que relaciones $u(t)$ y $x_2(t)$ (ecuación (4.17))

$$G_1(s) = \frac{X_1(s)}{U(s)} \qquad (4.16)$$

$$G_2(s) = \frac{X_2(s)}{U(s)} \qquad (4.17)$$

Para obtener $G_1(s)$ y $G_2(s)$ se resuelve el sistemas de ecuaciones con la ecuación (4.14) y ecuación (4.15).

Procedimiento para $G_1(s)$

Despejando $X_2(s)$ de la ecuación (4.15) y sustituyendo en la ecuación (4.14).

Finalmente, aplicando álgebra se obtiene la ecuación reducida a la siguiente forma:

$$G_1(s) = \frac{X_1(s)}{U(s)}$$

$$= \frac{m_2 s^2 + bs + (k_2 + k_3))}{m_1 m_2 s^4 + (bm_1 + bm_2)s^3 + (m_1 k_2 + m_1 k_3 + m_2 k_2 + m_2 k_2)s^2 + \ldots}$$

$$= \frac{}{\ldots + (bk_1 + bk_3)s + (k_1 k_2 + k_1 k_3 + k_2 k_3)} \qquad (4.18)$$

Procedimiento para $G_2(s)$

Despejando $X_1(s)$ de la ecuación (4.15) y sustituyendo en la ecuación (4.14). Finalmente, aplicando álgebra se obtiene la ecuación reducida a la siguiente forma:

$$G_2(s) = \frac{X_2(s)}{U(s)}$$

$$= \frac{b \cdot s + k_2}{m_1 \cdot m_2 \cdot s^4 + (m_1 \cdot b + m_2 \cdot b)s^3 + (m_1 \cdot k_2 + m_1 \cdot k_3 + m_2 \cdot k_1 + m_2 \cdot k_2)s^2 + \ldots}$$

$$= \frac{}{\ldots + (b \cdot k_3 + b \cdot k_1)s + (k_1 \cdot k_2 + k_1 \cdot k_3 + k_2 \cdot k_3)} \qquad (4.19)$$

ECUACIONES DIFERENCIALES

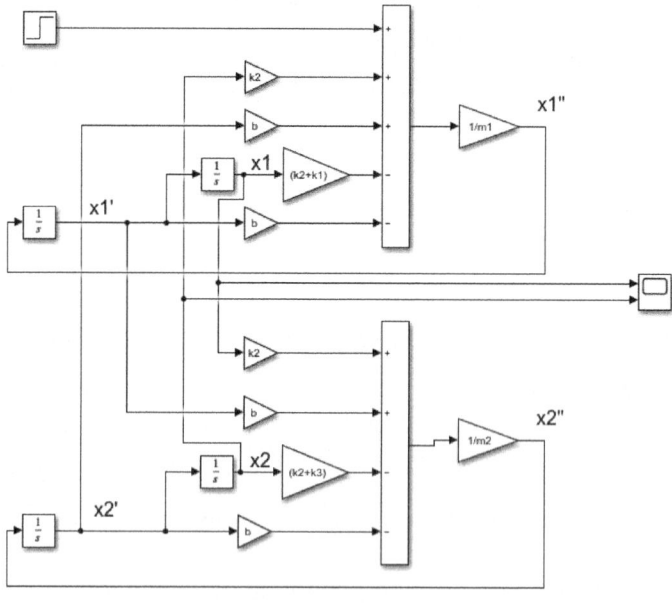

Figura 4.21: EDO del ejemplo 3 en Simulink

4.3. Modelado de sistemas eléctricos

En esta sección se aborda la creación de representaciones matemáticas (modelado matemático) y el examen de cómo los sistemas eléctricos responden. Ya que los fundamentos de los circuitos eléctricos son conocimientos comunes, esta sección debe considerarse como un repaso. Se exponen los principios básicos de los circuitos eléctricos, como la ley de Ohm y las leyes de Kirchhoff. Luego se profundiza en la generación de modelos matemáticos y el análisis de cuestiones relacionadas con los circuitos. Se detalla también la comprensión de la potencia y la energía eléctrica, así como los sistemas análogos en la parte final del capítulo.

Después de esto, se inicia un repaso de los fundamentos esenciales, que incluyen conceptos como carga, voltaje, corriente, fuente de voltaje y fuente de corriente. Luego se proporciona una descripción de los elementos fundamentales que conforman los circuitos eléctricos: el resistor, el capacitor y el inductor.

Carga

La carga en un circuito eléctrico se refiere a la propiedad eléctrica de las partículas subatómicas, principalmente electrones, que transportan una cantidad de electricidad. En un circuito eléctrico, los electrones son los portadores de carga y se mueven a través de los conductores, como los cables metálicos, generando una corriente eléctrica.

La carga eléctrica se mide en unidades llamadas culombio (C). Un culombio es una cantidad de carga que transporta aproximadamente $6.242x10^{18}$ electrones. La dirección del flujo de carga en un circuito eléctrico es desde el polo negativo hacia el polo positivo de una fuente de voltaje, una batería por ejemplo.

Voltaje

El voltaje, también conocido como diferencia de potencial eléctrico, es una medida de la energía potencial eléctrica por unidad de carga en un circuito eléctrico. Representa la fuerza o presión eléctrica que impulsa a las cargas eléctricas a moverse a lo largo de un conductor. El voltaje se mide en unidades llamadas voltios (V).

En términos más simples, el voltaje indica la cantidad de trabajo que se realiza para mover una carga eléctrica de un punto a otro en un campo eléctrico. Un voltio se define como la diferencia de potencial eléctrico entre dos puntos cuando un julio de energía se utiliza para mover un culombio de carga de un punto al otro.

Corriente

La corriente eléctrica es el flujo ordenado de cargas eléctricas a través de un conductor, como un cable metálico, en un circuito eléctrico. Esta corriente consiste en el movimiento de electrones (cargas negativas) en una dirección específica. La corriente se mide en unidades llamadas amperios (A).

$$i = \frac{dq}{dt}$$

Cuando hay una diferencia de potencial, es decir, un voltaje aplicado, los electrones son impulsados a moverse desde un área de menor potencial eléctrico (polo negativo) hacia un área de mayor potencial eléctrico (polo positivo).

Fuentes de Voltaje

Una fuente de voltaje es un componente que crea una diferencia de potencial eléctrico entre dos puntos en un circuito, lo que impulsa el flujo de corriente eléctrica. En otras palabras, proporciona la fuerza electromotriz (FEM) necesaria para que las cargas eléctricas se muevan en el circuito. Las fuentes de voltaje pueden ser de dos tipos principales:

Fuentes de voltaje continuo: También conocidas como fuentes DC (corriente continua), mantienen un voltaje con la misma polaridad en todo instante de tiempo. Por ejemplo las baterías y las fuentes de alimentación reguladas.

Figura 4.22: Fuente de voltaje en DC

Fuentes de voltaje alterno: Estas fuentes alternan su polaridad según un periodo definido. Son comunes en aplicaciones como pruebas y ajustes de circuitos.

Figura 4.23: Fuente de voltaje en AC

Fuentes de corriente

Una fuente de corriente es un componente que suministra una corriente eléctrica constante o variable a un circuito. A diferencia de las fuentes de voltaje, que mantienen un voltaje constante, las fuentes de corriente mantienen una corriente constante independientemente del voltaje en sus terminales. Las fuentes de corriente son menos comunes que las fuentes de voltaje y se utilizan en aplicaciones específicas, como pruebas de componentes y dispositivos.

Figura 4.24: Fuente de corriente

Resistor

Un resistor es un componente pasivo utilizado en circuitos eléctricos y electrónicos para limitar o controlar el flujo de corriente eléctrica. Su función principal es proporcionar resistencia al paso de la corriente. La resistencia eléctrica se mide en ohmios (Ω) y se simboliza con la letra R.

Figura 4.25: Resistor

La relación entre el voltaje aplicado a través de un resistor, la corriente que fluye a través de él y su resistencia se describe mediante la Ley de Ohm:

$$R = \frac{V}{A}$$

Donde:

V es el voltaje en voltios (V) a través del resistor.
I es la corriente en amperios (A) que fluye a través del resistor.
R es la resistencia en ohmios (Ω) del resistor.

Capacitor

Un capacitor es un componente eléctrico utilizado para almacenar y liberar carga eléctrica. Consiste en dos placas conductoras separadas por un material dieléctrico, que es un aislante eléctrico. Cuando se aplica un voltaje a través del capacitor, se acumula una carga en las placas, creando un campo eléctrico entre ellas. Su función principal es almacenar energía en forma de campo eléctrico y liberarla posteriormente.

La capacitancia de un capacitor se mide en faradios (F) y se representa con la letra C. La capacidad se relaciona con la carga almacenada y el voltaje aplicado a través del capacitor mediante la siguiente ecuación:

$$C = \frac{q}{v}$$

Donde q es la carga almacenada y v es el diferencial de voltaje en el capacitor.

Inductor

Un inductor es un componente eléctrico utilizado para almacenar energía en forma de campo magnético. Consiste en una bobina de alambre enrollado alrededor de un núcleo, generalmente hecho de material ferromagnético. Cuando fluye corriente a través de la bobina, se genera un campo magnético alrededor de ella. La energía se almacena en este campo magnético y se libera cuando la corriente se detiene o cambia.

La inductancia de un inductor se mide en henrios (H) y se representa con la letra L. La inductancia se relaciona con la cantidad de corriente que fluye a través del inductor. La inductancia y la corriente están relacionadas mediante la siguiente ecuación:

$$L = \frac{v}{\frac{di}{dt}}$$

Donde:

V es el voltaje en voltios (V) a través del inductor.
L es la inductancia en henrios (H) del inductor.
di/dt es el cambio en la corriente en amperios por segundo (A/s).

Despejando el voltaje de la anterior ecuación se obtiene:

$$v_L = L\frac{di}{dt}$$

Los inductores tienen la propiedad de oponerse a los cambios en la corriente que fluye a través de ellos, lo que se conoce como reactancia inductiva. Esta propiedad los vuelve útiles en aplicaciones como filtros de señal y en la estabilización de corriente en circuitos; también se usan en circuitos resonantes y en transformadores.

Circuito RLC

Un circuito LRC consiste en una combinación de elementos inductivos (L), resistivos (R) y capacitivos (C). En la tabla 4.1 se describen las representaciones matemáticas de los componentes:

Elemento	Ley	Ecuación
Inductor (hernios)	Ley de Ohm	$v_L(t) = L\frac{di(t)}{dt}$
Resistor (ohmios)	Ley de Faraday	$v_R(t) = R \cdot i(t)$
Capacitor (faradios)	Ley de Lenz	$v_C(t) = \frac{1}{C}\int i(t)dt$

Tabla 4.1: Resumen de la caída de voltaje en los componentes eléctricos.

La figura 4.26 exhibe un circuito RLC en el cual el voltaje alterno de la fuente, $v_i(t)$, se presenta como la variable de entrada. Los elementos que componen este circuito son los siguientes: L, que representa la inductancia; C, la capacitancia; y R, la resistencia. La variable de salida, $v_0(t)$, se define como la diferencia de potencial a través del condensador e $i(t)$ es la corriente.

Se aplica la ley de voltaje de Kirchhoff debido a la presencia de una malla cerrada con dirección horaria elegida arbitrariamente

$$v_R(t) + v_C(t) + v_L(t) = v_i(t)$$

Reemplazando los términos $v_R(t)$, $v_C(t)$ y $v_L(t)$ por las expresiones de la tabla 4.1, obtenemos:

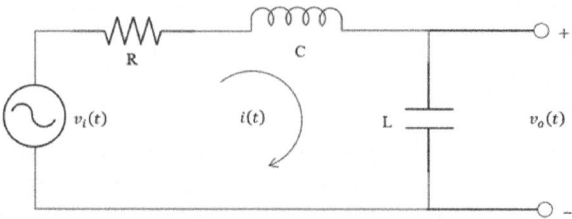

Figura 4.26: Circuito RLC.

$$R \cdot i(t) + \frac{1}{C} \cdot \int i(t)dt + L \cdot \frac{di(t)}{dt} = v_i(t)$$

La variable de entrada del sistema es $v_i(t)$ (voltaje de entrada) y la salida es $v_0(t)$ (voltaje de salida). Identificando las variables, se sabe que la función de transferencia, utilizando la transformada de Laplace, es:

$$G(s) = \frac{Y(s)}{U(s)}$$

Por tanto, la función de transferencia en el dominio frecuencial es:

$$\frac{V_0(s)}{V_i(s)} = \frac{\frac{1}{C} \cdot \frac{1}{s} \cdot I(s)}{R \cdot I(s) + \frac{1}{C} \cdot \frac{1}{s} \cdot I(s) + L \cdot s \cdot I(s)}$$

Simplificando la expresión mediante operaciones algebraicas, se obtiene:

$$\frac{I(s)}{V_i(s)} = \frac{Cs}{LCs^2 + RCs + 1}$$

Las últimas ecuaciones, en términos más simples, proporcionan una comprensión de cómo un sistema atenúa o amplifica diferentes componentes de frecuencia de la señal de entrada. También permite analizar la estabilidad, la respuesta en frecuencia y otros comportamientos del sistema.

Funciones de trasferencia de elementos cascada

Los circuitos eléctricos se forman de varios componentes, lo cual aumenta la complejidad del sistema. Para ello, se utilizarán las mismas leyes fundamentales de Kirchhoff para encontrar el modelo correspondiente al circuito.

Considerando el circuito de la figura 9 como variable de entrada a $v_i(t)$ y variable de salida a $v_L(t)$.

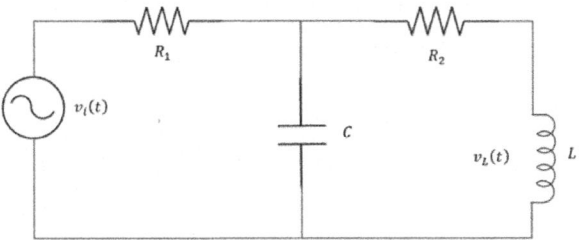

Figura 4.27: Circuito con elementos en cascada.

Se utilizará la ley de voltajes de Kirchhoff, por ende, se determinaron la malla 1 y malla 2 con dirección de referencia horaria y antihoraria correspondientemente, en conjunto con el sentido de la corriente, visualizado en la figura 4.28.

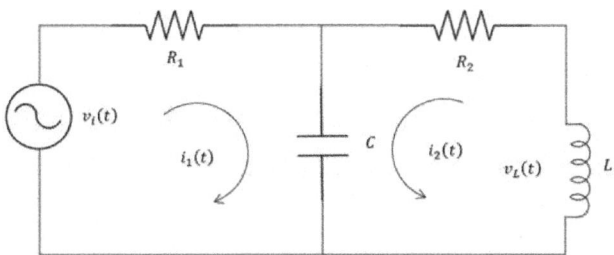

Figura 4.28: Mallas en el circuito.

Para la primera malla cerrada, se determinó usando la ley de mallas, sabiendo que el condensador es un elemento pasivo.

$$v_i(t) = v_{R_1}(t) + v_G(t)$$

$$v_i(t) = i_1(t)R_1 + \frac{1}{C} \int [i_1(t) + i_2(t)]dt$$

Para la segunda malla cerrada, se usó la misma ley:

$$0 = v_L(t) + v_{R_2}(t) + v_G(t)$$

$$0 = v_L(t) + i_2(t)R_2 + \frac{1}{C} \int [i_1(t) + i_2(t)]dt$$

Para obtener la función de transferencia se debe tener en cuenta que la señal de salida es $v_L(t)$ y la señal de entrada es $v_i(t)$. Por tanto, se llega a la siguiente expresión:

$$G(s) = \frac{V_L(s)}{V_i(s)} = \frac{\frac{Cs}{CsR_1+1}}{\frac{1}{LCR_1s^2} - Cs - \frac{CR_2}{L} - \frac{1}{Ls}}$$

Realizando simplificaciones y operaciones algebraicas, se consigue la ecuación que representa la función de transferencia del circuito.

$$\frac{V_L(s)}{V_i(s)} = \frac{-Ls}{LCR_1s^2 + (L + CR_1R_2)s + R_1 + R_2}$$

La presencia del signo negativo en el numerador se debe al sentido contrario de la corriente que se tomó en la segunda malla. Al cambiar el sentido de la corriente, la siguiente ecuación sería la función de transferencia.

$$\frac{V_L(s)}{V_i(s)} = \frac{Ls}{LCR_1s^2 + (L + CR_1R_2)s + R_1 + R_2}$$

Supongamos que se toman los valores de la tabla 4.2 para un ejercicio práctico con el circuito eléctrico.

Elemento	Magnitud
Resistencia 1 (Ω)	22
Resistencia 2 (Ω)	15
Capacitor (mF)	1
Inductor (mH)	3

Tabla 4.2: Tabla del ejercicio.

Si se sustituyen los valores correspondientes:

$$\frac{V_L(s)}{V_i(s)} = \frac{1 \cdot 10^{-3}s}{2.2 \cdot 10^{-5}s^2 + 0.333s + 37}$$

Consecuentemente, se analizará la respuesta del sistema respecto a diferentes señales de entrada. La primera señal será un paso unitario de 5 (voltios) en el instante de 1 (segundo), simulando una señal en corriente directa. Las simulaciones se realizarán en el programa Simulink de Matlab.

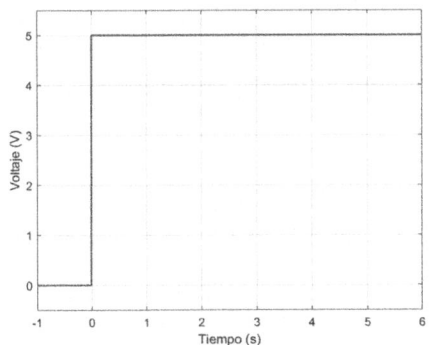

Figura 4.29: Voltaje de la fuente vs tiempo.

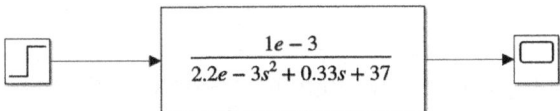

Figura 4.30: Diagrama de bloques del sistema ante el paso unitario.

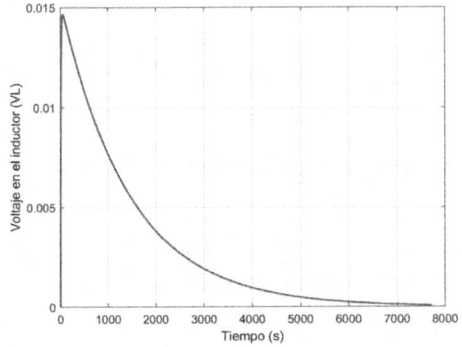

Figura 4.31: Voltaje del inductor vs tiempo.

Se utiliza la ecuación (13) para determinar la corriente $i_2(t)$. Se multiplicará el $v_L(t)$ y $i_2(t)$ para determinar la potencia del componente.

103

El circuito, al ser alimentado por 5 [V] constantemente ocasiona que el inductor se abra, ya que simularía que el inductor está trabajando en corriente continua, haciendo que el diferencial de voltaje en un primer instante sea máximo y rápidamente llegue a cero. La gráfica representa esto. El voltaje en $t = 7ms$ [s] llega hasta 15.5 mV aproximadamente y en $t = 1.08$ [s] llega a estabilizarse en 0 debido a lo antes mencionado.

Se usa una señal senoidal con amplitud de 5 (voltios) y una frecuencia de 1 Hz para simular un voltaje en corriente alterna.

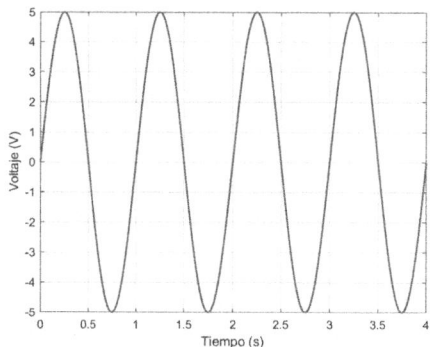

Figura 4.32: Voltaje de la fuente vs tiempo.

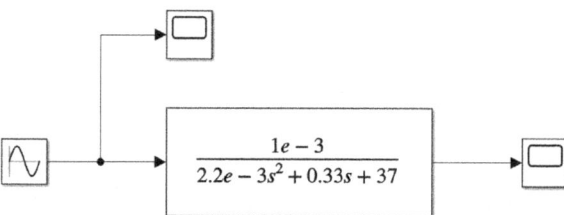

Figura 4.33: Diagrama de bloques del sistema ante una señal senoidal.

El voltaje del inductor es de menor amplitud a la señal de entrada. Debido a la presencia de capacitancias e impedancias que varían a v_L, se puede evidenciar que la señal de entrada y la señal de salida tienen diferentes frecuencias y amplitudes. Incluso la cresta inicial de la grafica v_L vs t es irregular, debido a que el capacitor tiende a cargarse provocando un cambio en el voltaje del inductor.

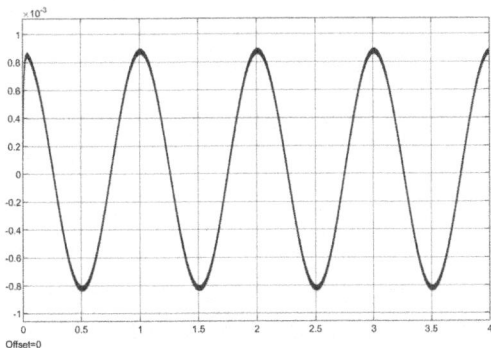

Figura 4.34: Voltaje del inductor vs tiempo.

4.4. Modelado de sistemas electromecánicos

Principio de operación básica de motores de CD

El motor de CD es básicamente un transductor de par que convierte energía eléctrica en energía mecánica. El par desarrollado en el eje del motor es directamente proporcional al flujo en el campo y a la corriente en la armadura. Como se representa en la figura, un conductor que lleva corriente está colocado en un campo magnético con flujo ϕ, a una distancia r del centro de rotación. La relación entre el par desarrollado, el flujo ϕ y la corriente i_a es:

$$T_m = K_m \phi i_a \tag{4.20}$$

Donde T_m es el par del motor (N-m, lb-pie, u oz-plg), ϕ es el flujo magnético (webers), i_a es la corriente de armadura(amperes) y K_m es la constante de proporcionalidad.

Además del par desarrollado por el arreglo de la figura, cuando el conductor se mueve en el campo magnético se genera un voltaje entre sus terminales. Este voltaje, la fuerza contraelectromotriz, la cual es proporcional a la velocidad del eje, tiende a oponerse al flujo de corriente. La relación entre la fuerza contraelectromotriz y la velocidad del eje es:

$$e_b = K_m \phi w_m \tag{4.21}$$

En donde e_b denota la fuerza contraelectromotriz(volts) y w_m es la velocidad del eje(rad/s) del motor. Así estas ecuaciones definen la base de la operación del motor de CD.

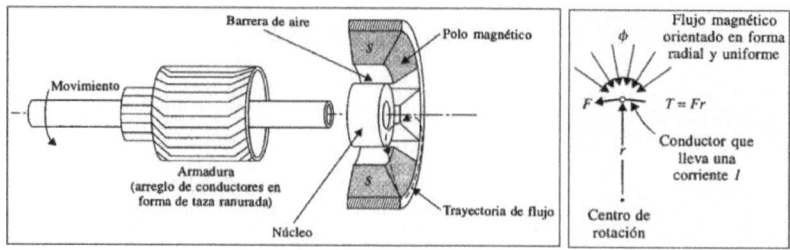

Figura 4.35: Funcionamiento de motor CD. Recuperado de: Fitzgerald, A. E. 2004. Máquinas eléctricas. México, DF: McGraw-Hill..

Modelado matemático de motor de corriente continua controlado por un inducido

La armadura está modelada como un circuito con resistencia R_a conectada en serie a una inductancia L_a y a una fuente de voltaje e_b que representa la fuerza contraelectromotriz en la armadura cuando el rotor gira. Las variables y parámetros del motor se definen como sigue:

$i_a(t)$ = corriente de armadura	L_a = inductancia de la armadura
R_a = resistencia de armadura	$e_a(t)$ = voltaje aplicado
$e_b(t)$ = fuerza electromotriz	K_b = constante de la fuerza contraelectromotriz
$T_L(t)$ = par de carga	$\emptyset$ = flujo magnético en el entrehierro
$T_m(t)$ = par del motor	$\omega_m(t)$ = velocidad angular del rotor
$\theta_m(t)$ = desplazamiento del rotor	J_m = inercia del rotor
K_i = constante del par	B_m = coeficiente de fricción viscosa

Figura 4.36: Nomenclatura de elementos electromécanicos

El control del motor de CD se aplica a las terminales de la armadura en la forma del voltaje aplicado $e_a(t)$. Para un análisis lineal, se supone que el par desarrollado por el motor es proporcional al flujo en el entrehierro y a la corriente de la armadura. Por tanto:

$$T_m(t) = K_m(t)\phi i_a(t)$$

Ya que ϕ es constante, la ecuación se escribe como:

$$T_m(t) = K_i i_a(t)$$

Parte mecánica

$$T_m(t) = J\frac{dw_m(t)}{dt} + Bw_m(t)$$

Parte eléctrica

$$e_a(t) = R_a i_a(t) + e_b(t) + L_a\frac{di_a(t)}{dt}$$

Relación entre las partes eléctrica y mecánica

$$e_b = K_b w_m(t)$$
$$T_m(t) = K_i i_a(t)$$

Los valores de K_i y K_b para la constante de par y la constante de fuerza contraelectromotriz se consideran parámetros separados pero, para un motor dado, estos valores están estrechamente relacionados. Se demuestra la relación de la siguiente manera:

Para la potencia mecánica desarrollada en la armadura se escribe como:

$$P = e_b(t)i_a(t)$$

La potencia mecánica también se expresa como:

$$P = T_m(t)w_m(t)$$

Donde, en las unidades del SI, $T_m(t)$ está en N-m y $w_m(t)$ está en rad/s. Ahora, al sustituir estas dos últimas ecuaciones, se obtiene:

$$P = T_m(t)w_m(t) = K_b w_m(t)\frac{T_m(t)}{K_i}$$

Entonces, se demuestra que:

$$K_b(V/rad/s) = K_i(N - m/A)$$

Aplicación de modelado matemático de motor CD sin carga

Para el sistema indicado, obtener las siguientes funciones de transferencia:

- La relación del par desarrollado por el motor $T_m(t)$ respecto al voltaje $v(t)$ con el que se alimenta el motor $G_1(s) = T(s)/V(s)$.

- La relación de la velocidad angular del rotor $w_m(t)$ respecto al voltaje $v(t)$ con el que se alimenta el motor $G_2(s) = W(s)/V(s)$.

- La relación del desplazamiento del rotor $\theta_m(t)$ respecto al voltaje $v(t)$ con el que se alimenta el motor $G_3(s) = \theta(s)/V(s)$.

El motor del sistema tiene las siguientes características eléctricas:

$$V = 20v$$

$$R_a = 2.5\Omega$$

$$L_a = 30mH$$

$$k = 5 \cdot 10^{-3} N - m/A$$

Y también posee las siguientes características mecánicas:

$$B_m = 8 \cdot 10^{-3} Ns/m \text{ y } I = 1 \cdot 10^{-3} kg - m^2$$

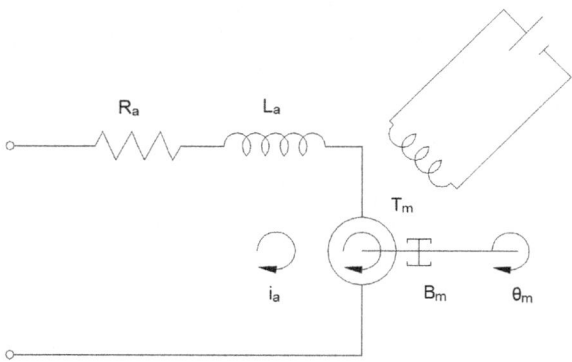

Figura 4.37: Circuito electromecánico de motor CD sin carga.

Solución

Parte mecánica:

$$\sum T = I\theta''$$

$$T_m - T_B - T_c = I\theta''$$

$$T_m(t) - B\theta'(t) = I\theta''(t)$$

Parte eléctrica:

$$\sum V = v(t)$$

$$V_{La} + V_{Ra} + e_a = v(t)$$

$$L_a i'(t) + R_a i(t) + e_a = v(t)$$

Relaciones:

$$T_m(t) = Ki(t) \quad e_a = Kw_m(t)$$

$$i(t) = \frac{T_m(t)}{K} \quad i'(t) = \frac{T'_m(t)}{K}$$

$$w_m(t) = \theta'_m \quad w'_m(t) = \theta''_m$$

Reemplazando en la ecuación de la parte eléctrica las relaciones se obtiene:

$$L_a \frac{T'_m(t)}{K} + R_a \frac{T_m(t)}{K} + Kw_m(t) = v(t)$$

Aplicando la transformada de Laplace:

$$(\frac{L_a}{K}s + \frac{R_a}{K})T(s) + KW(s) = V(s)$$

Reemplazando en la ecuación de la parte mecánica las relaciones se obtiene:

$$T_m(t) = Bw_m(t) + Iw'_m(t)$$

Aplicando transformada de Laplace:

$$T(s) = BW(s) + IW(s)s$$

$$T(s) = (B + Is)W(s)$$

Solución para a) $G_1(s) = \frac{T(s)}{V(s)}$

$$G_1(s) = \frac{K(Is + B)}{(LI)s^2 + (IR + LB)s + (RB + K^2)}$$

Solución para b) $G_2(s) = \frac{W(s)}{V(s)}$

$$G_2(s) = \frac{K}{(LB)s^2 + (IR + LB)s + (RB + K^2)}$$

Solución para c) $G_3(s) = \frac{\theta(s)}{V(s)}$

$$G_3(s) = \frac{K}{(LI)s^3 + (IR + LB)s^2 + (RB + K^2)s}$$

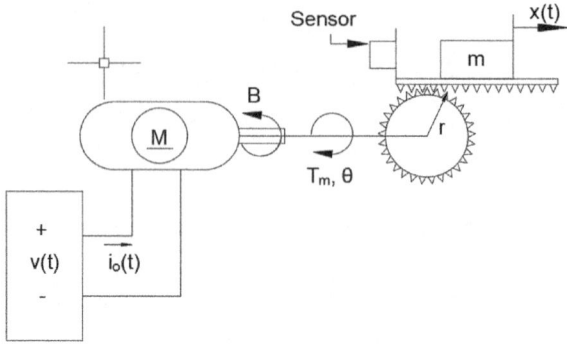

Figura 4.38: Circuito electromecánico de motor CD con carga.

Aplicación de modelado matemático de motor CD con carga

Solución

Parte mecánica:

Análisis de la barra

$$\sum T = I\theta''$$

$$T_m - T_B - T_P = I\theta''_m$$

$$T_m(t) - B\theta'(t) - T_p = I\theta''_m(t)$$

Análisis de la banda

Piñón:

$$T_p = F_c r$$

Caja:

$$F_c = mx''(t)$$

Parte eléctrica:

$$\sum V = v(t)$$

$$L_a i'(t) + R_a i(t) + e_a = v(t)$$

Combinando las ecuaciones de la banda para obtener el par del piñón:

$$T_p = mrx''(t)$$

Se reemplaza la ecuación obtenida de la barra con la ecuación anterior:

$$T_m(t) - B\theta'_m(t) - mrx''(t) = I\theta''_m(t)$$

Se aplican las relaciones para considerar solo la variable de posición:

$$Ki(t) - B\frac{x'(t)}{r} - mrx''(t) = I\frac{x''(t)}{r}$$

Aplicando la transformada de Laplace:

$$L_aI(s)s + R_aI(s) + K\frac{X(s)}{r}s = V(s)$$

Operando se obtiene:

$$G(s) = \frac{Kr}{(IL_a + L_amr^2)s^3 + (IR_a + mr^2R_a + L_aB)s^2 + (BR_a + K^2)s}$$

4.5. Modelado de sistemas hidráulicos

Se opta por los controladores hidráulicos en los procesos en los que se utiliza el aire comprimido como medida para el control constante del movimiento en mecanismos que poseen masas considerables fijadas a fuerzas de carga externas.

La aplicación de los circuitos hidráulicos en los sistemas de control de aviones, helicópteros y procedimientos equivalentes han tenido gran aceptación debido a varios puntos positivos, tales como la precisión, la resistencia, el arranque rápido y la facilidad de sus operaciones.

En ciertas ocasiones es frecuente que los sistemas hidráulicos y electrónicos se combinen y proporcionen una potencia hidráulica y un control electrónico óptimos.

Algunas de las características de los sistemas hidráulicos incluyen el posicionamiento preciso de acción rápida de cargas pesadas y la acción de grandes fuerzas debido a la acción de alta presión.

Tanque de acopio con vaciado a través de tubería corta (flujo laminar)

Para este ejemplo se tiene un tanque de área transversal A, el cual almacena un fluido que tiene densidad ρ constante. El fluido se drena por medio de una válvula. Se espera controlar $h(t)$ por medio de la regulación de $q(t)$.

Objetivo

Establecer la respuesta dinámica de $h(t)$ ante la variación de $q(t)$.

Hipótesis:

- Flujo laminar.

- Densidad constante.

- Tanque abierto y descarga del fluido a la atmósfera.

- Área transversal del tanque A no se altera con el nivel del líquido.

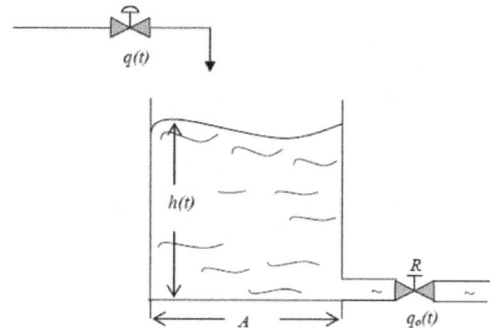

Figura 4.39: Tanque con vaciado a través de tubería corta (flujo laminar).

Variables:

$h(t)$ = nivel del tanque (variable controlada)
$q(t)$ = flujo de entrada (variable manipulada)
$q_0(t)$ = flujo de salida

Constantes:

A = área del tanque
R = resistencia del fluido
ρ = densidad

Modelo matemático en ecuaciones diferenciales

$$q(t) - q_o(t) = A\frac{dh}{dt}$$

$$q_o(t) = \frac{h(t)}{R}$$

Reemplazando los valores numéricos:

$$A = 7m^2$$

$$R = \frac{h}{q} = 0.07$$

Modelo matemático en función de transferencia

$$q^*(t) - q_o^*(t) = A\frac{dh^*}{dt}$$

$$q_o^*(t) = \frac{h^*(t)}{R}$$

Se tiene en cuenta la transformada de Laplace

$$Q^*(s) - Q_o^* = AsH^*(s)$$

$$Q_o^*(s) = \frac{H^*(s)}{R}$$

Se agrupan términos semejantes
Función de transferencia:

$$\frac{H^*(s)}{Q^*(s)} = \frac{R}{RAs + 1}$$

Forma general

$$\frac{H^*(s)}{Q^*(s)} = \frac{k}{\tau s + 1}$$

Donde:

k = ganancia estática del sistema = R
τ = constante del tiempo del sistema = RA

Tanque de drenaje por medio de una bomba

Un tanque de área transversal A almacena un fluido con densidad ρ, que se expulsa a través de una bomba. Se requiere controlar $h(t)$ mediante la regulación de $q(t)$.

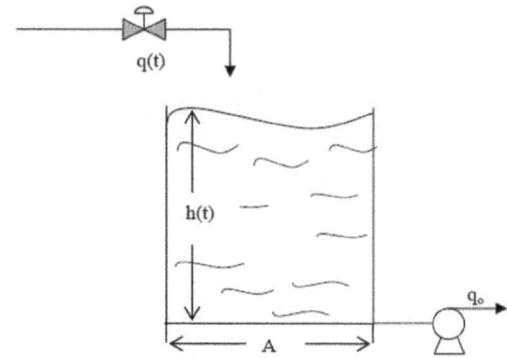

Figura 4.40: Tanque de drenaje por medio de una bomba.

Modelo matemático en ecuaciones diferenciales

Balance de masa:

$$q(t) - q_o = A\frac{dh}{dt}$$

Modelo matemático en función de transferencia

Ecuación en estado estacionario:

$$q - q_o = A\frac{dh}{dt}$$

Se resta de la ecuación anterior:

$$q^*(t) = A\frac{dh^*}{dt}$$

Se aplica la transformada de Laplace:

$$\frac{H^*(s)}{Q^*(s)} = \frac{k}{s}$$

Donde, k = ganancia estática del sistema 1/A

4.6. Modelado de sistemas térmicos

Cuando se habla de sistemas térmicos se dice que son aquellos que implican la transferencia de calor de una sustancia a otra. Estos se examinan en términos de capacitancia y resistencia, aunque estas podrían no ser representadas con precisión como elementos de parámetros concentrados, ya que generalmente están distribuidos en todas las sustancias. Para conseguir análisis precisos, es necesario emplear modelos de parámetros distribuidos. No obstante, para simplificar el análisis, aquí asumiremos que un sistema térmico es representado mediante un modelo de parámetros concentrados, y que las sustancias caracterizadas por una resistencia al flujo de calor tienen una capacitancia térmica muy baja, por lo cual se dirá que son insignificantes, mientras que las sustancias con una capacitancia térmica tienen una resistencia baja al flujo de calor.

La transferencia de calor entre sustancias se lleva a cabo mediante tres mecanismos distintos: conducción, convección y radiación. Aquí, nos centraremos únicamente en la conducción y la convección. (La transferencia de calor por radiación solo es notable cuando la temperatura del objeto emisor es considerablemente superior a la del objeto receptor. En la mayoría de los procesos térmicos en los sistemas de control de procesos, la transferencia de calor por radiación no está presente.)

Para la transferencia de calor por conducción o convección:

$$q = K \Delta\theta$$

Donde:

q = flujo de calor (kcal/seg)
K = coeficiente (kcal/(seg C))
$\Delta\theta$ = diferencia de temperatura (C)

El coeficiente K se debe obtener de:

Conducción:

$$K = \frac{kA}{\Delta X}$$

Convección:

$$K = HA$$

Donde:
k = conductividad térmica (kcal/(m seg C))
A = área normal área el flujo de calor (m^2)
ΔX = espesor del conductor (m^2)
H = coeficiente de convección (kcal/(m^2 seg C))

Resistencia y capacitancia térmicas

La resistencia térmica R para la transferencia de calor entre dos sustancias se define como:

$$R = \frac{\Delta T(C)}{\Delta q(kcal/seg)}$$

La resistencia térmica para el análisis de la transferencia de calor por conducción o convección se obtiene mediante:

$$R = \frac{d(\Delta\theta)}{dq}$$

$$R = \frac{1}{K}$$

Los coeficientes de conductividad y convección térmica son casi constantes, por lo tanto la resistencia térmica para ambos se puede interpretar como constante. Entonces, la capacitancia térmica se define como:

$$C = \frac{\Delta calor\, almacenado\,(kcal)}{\Delta T(C)}$$

Sistemas térmicos

En esta situación, se asume que el tanque se encuentra aislado con el fin de evitar cualquier pérdida de calor al entorno circundante. Así mismo, se considera que no se acumula calor en el aislamiento y que el líquido que hay dentro está completamente homogeneizado, lo que resulta en una temperatura estable. Por lo tanto, se utiliza una única temperatura para describir tanto la del líquido que hay en el tanque como la del líquido que fluye hacia afuera.

Vamos a considerar que la temperatura del líquido de entrada permanece constante, mientras que el flujo de calor que entra en el sistema (proporcionado por el calefactor) sufre un cambio repentino, pasando de H a $H + h_i$, donde h_i denota una pequeña variación en dicho flujo de calor. Como consecuencia de este cambio, el flujo de calor que sale experimentará una transición gradual desde H a $H + h_o$. De manera similar, la temperatura del líquido que sale se modificará de θ_o a $\theta_o + \theta$. Para este escenario, los valores de h_o, C y R se obtienen en ese orden:

$$h_o = Gc\theta$$

$$C = Mc$$

$$R = \frac{\theta}{h_o}$$

$$R = \frac{1}{Gc}$$

La ecuación diferencial para el sistema sería:

$$Cd\theta = (h_i - h_o)dt$$

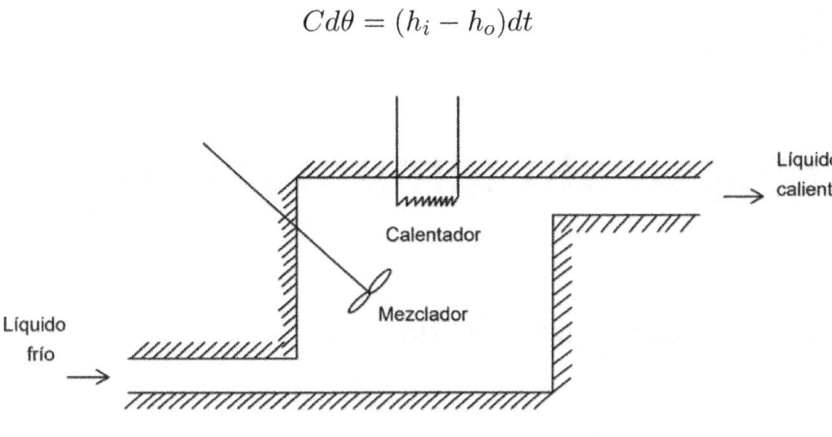

(a)

Figura 4.41: Sistema térmico.

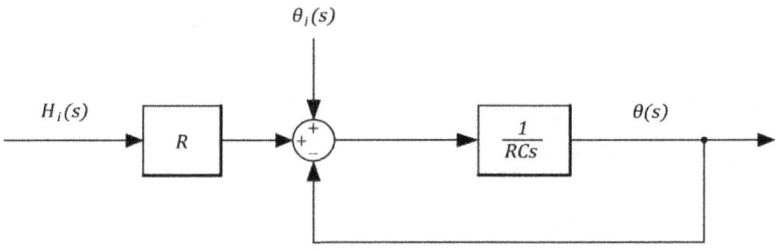

Figura 4.42: Diagrama de bloques de sistema térmico.

La constante de tiempo del sistema es igual a RC o M/G segundos. La función de transferencia que relaciona θ con h_i se obtiene mediante:

$$\frac{\theta(s)}{H_i(s)} = \frac{R}{RCs + 1}$$

Si este sistema térmico se ve afectado por variaciones en la temperatura del líquido que ingresa y en el flujo de calor de entrada, manteniendo constante el caudal del líquido, el cambio θ en la temperatura del líquido que sale puede determinarse utilizando la siguiente ecuación:

$$RC\frac{d\theta}{dt} + \theta = \theta_i + Rh_i$$

117

Capítulo 5

La respuesta temporal

5.1. La respuesta transitoria

La respuesta temporal de un sistema de control consta de dos partes: la respuesta transitoria y la respuesta en estado estacionario. La respuesta transitoria se refiere a la que va del estado inicial al estado final. Por respuesta en estado estacionario se entiende la manera como se comporta la salida del sistema conforme t tiende a infinito. Por tanto, la respuesta del sistema $y(t)$ se puede escribir como la ecuación (5.1).

$$y(t) = y_{re}(t) + rt(t) \tag{5.1}$$

Donde:
$y(t)$= respuesta temporal
$y_{re}(t)$= respuesta estacionaria
$y_{rt}(t)$= respuesta transitoria

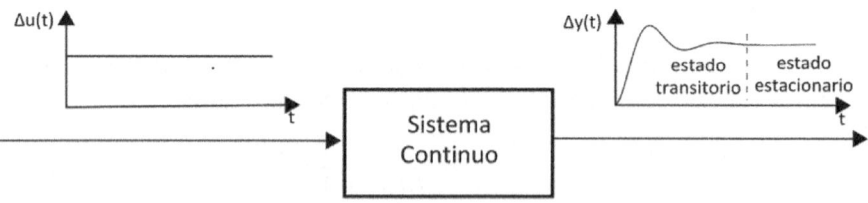

Figura 5.1: Respuesta temporal de sistema continuo.

La respuesta transitoria desaparece cuando $t \longrightarrow \infty$, si el sistema es estable.

$$\lim_{x \to \infty} y_{rt}(t) = 0$$

Queda únicamente una respuesta estacionaria:

$$\lim_{x \to \infty} y(t) = y_{re}(t) :$$

Respuesta impulsional

Una respuesta impulsional o función de ponderación de un sistema no es más que la transformada inversa de su función de transferencia.

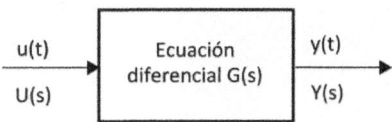

Figura 5.2: Respuesta impulsional.

Aplicando la transformada inversa de Laplace llegaremos a la respuesta en el tiempo correspondiente de $y(t)$, que se llama respuesta al impulso del sistema; esto es, la respuesta al impulso está dada por:

$$y(t) = L^{-1}G(s)$$

5.1.1. Estabilidad

Un sistema estable es aquel que permanece en reposo a menos que sea excitado por una fuente externa, y retorna al reposo si se quitan tales influencias externas. Así un sistema estable cuya respuesta, en la ausencia de una entrada, se aproximará a cero conforme el tiempo tiende a infinito. Esto garantiza entonces que cualquier entrada acotada producirá salida acotada. Partiendo de la definición anterior, un sistema es estable si y solo si la siguiente integral es finita descrita en la ecuación (5.2).

$$\int_0^\infty |g(t)|dt < \infty \tag{5.2}$$

Con la función de transferencia es posible llevar a cabo un análisis dinámico y determinar la estabilidad de un sistema. Para ello, se debe factorizar $G(s)$

$$G(s) = \frac{b_m s^m + ... + b_1 s + b_0}{a_n s^n + ... + a_1 s + a_0} = \frac{\prod_{i=1}^m (s - z_i)}{\prod_{i=1}^n (s - p_i)}$$

Donde:

$s = z_i$: ceros

$s = p_i$: polos

Las raíces del numerador se denominarán ceros y las del denominador serán polos. Cabe recalcar que pueden existir los siguientes tipos de polos:

- Reales: $s = -\gamma$

- Complejos conjugados: $s = -\gamma \pm jW_d$

- Imaginarios puros: $s = \pm jW_d$

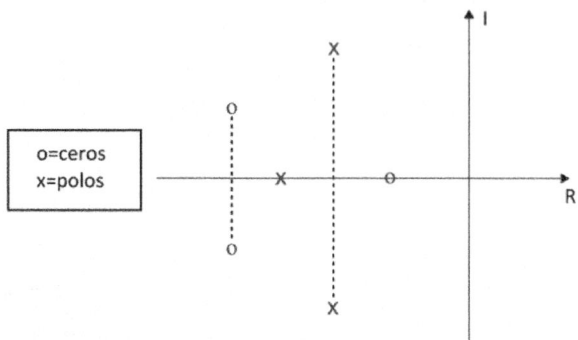

Figura 5.3: Representación en el plano complejo.

Hay que tener en cuenta que la dinámica del sistema depende de las raíces del denominador (polos) de la función de transferencia.

5.1.2. Ubicación de polos y ceros

Estos modos definen el comportamiento dinámico del sistema ante cualquier tipo de entrada, ya que corresponden a la parte transitoria de la respuesta temporal. La dinámica del sistema dependerá del tipo de raíces del denominador (polinomio característico del sistema), mientras que su estabilidad lo hará del signo de su parte real.

Casos de raíces reales simples

Cada raíz

$$G(s) = \frac{A}{s + \gamma}$$

contribuirá a la respuesta impulsional con un modo transitorio de tipo exponencial

$$g(t) = Ae^{-\gamma t}u_0(t)$$

por lo que

$$\int_0^\infty |g(t)|dt$$

será finito si $\gamma > 0$, es decir, si el polo se encuentra en el semiplano izquierdo.

Condiciones de estabilidad: ubicación de polos en el plano real - imainario y respuesta ante la entrada impulso.

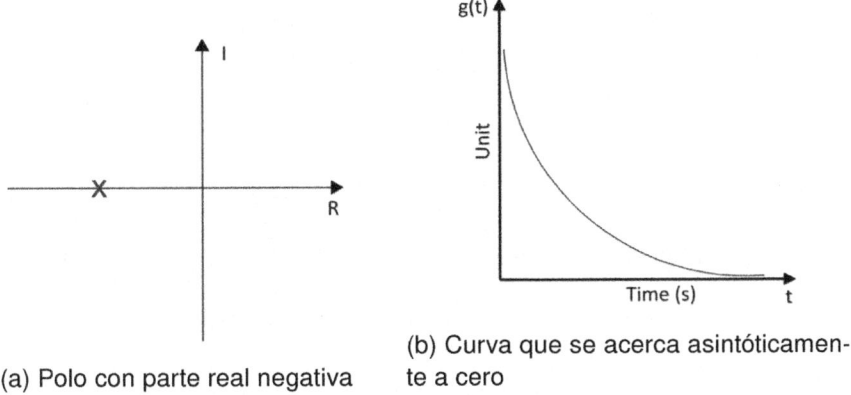

(a) Polo con parte real negativa

(b) Curva que se acerca asintóticamente a cero

Figura 5.4: Condiciones de estabilidad.

Un sistema es estable si todos sus polos tienen parte real negativa, como se indica en la figura 5.4a. Otra manera de determinar la estabilidad de un sistema es verificando si su respuesta impulsional decrece asintóticamente a cero, ver la figura 5.4b.

Condiciones de inestabilidad:

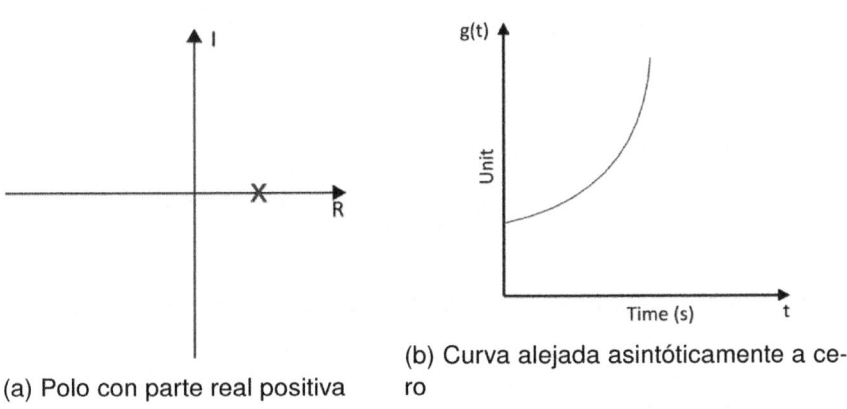

(a) Polo con parte real positiva

(b) Curva alejada asintóticamente a cero

Figura 5.5: Condiciones de inestabilidad.

Un sistema es inestable si la parte real de su polo es positivo como se indica en la figura 5.5a. A su vez, su respuesta impulsional crece al infinito, figura 5.5b.

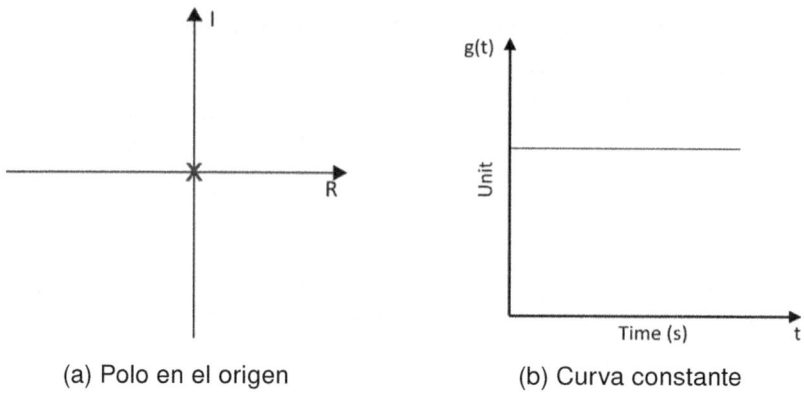

(a) Polo en el origen   (b) Curva constante

Figura 5.6: Condiciones de inestabilidad.

Un sistema es inestable si posee un polo en el origen, figura 5.6a. Un sistema es Inestable si su unidad de salida es constante ante una señal impulso, figura 5.6b.

Casos de raíces reales múltiples

Aparece una nueva fracción de la forma descrita en la ecuación (5.3):

$$G(s) = \frac{B}{(s + \gamma)^2} \tag{5.3}$$

El modo transitorio exponencial será:

$$g(t) = Bte^{-\gamma t}u_0(t)$$

Nuevamente tendremos que:

$$\int_0^\infty |g(t)|dt$$

será finita si $\gamma > 0$. Este resultado será general para raíces reales con multiplicidad r.

Condiciones de estabilidad

Un sistema será estable si y solo si todos sus polos tienen parte real negativa, Figura 5.7a. Un sistema es Estable si su curva se acerca asintóticamente a 0 ante una señal impulso, Figura 5.7b.

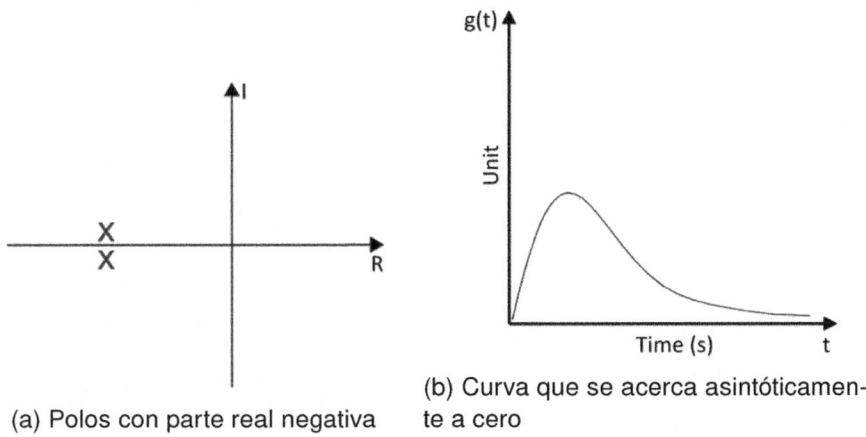

(a) Polos con parte real negativa

(b) Curva que se acerca asintóticamente a cero

Figura 5.7: Condiciones de estabilidad.

Condiciones de inestabilidad

Un sistema es inestable si al menos uno de sus polos tiene parte real positiva, figura 5.8a. Un sistema es inestable si su curva se aleja asintóticamente de 0 ante una señal impulso, figura 5.8b.

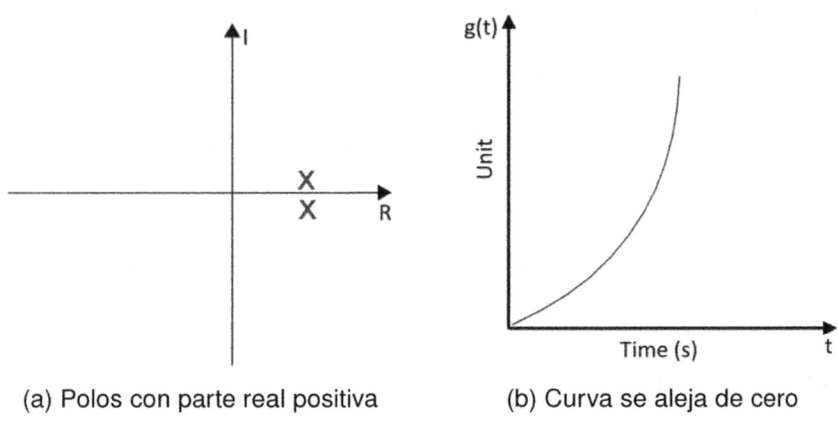

(a) Polos con parte real positiva

(b) Curva se aleja de cero

Figura 5.8: Condiciones de inestabilidad.

Un sistema es inestable si sus polos reales múltiples están en el origen, Figura 5.9a. Un sistema es Inestable cuando tiende exponencialmente a infinito ante una señal impulso, figura 5.9b.

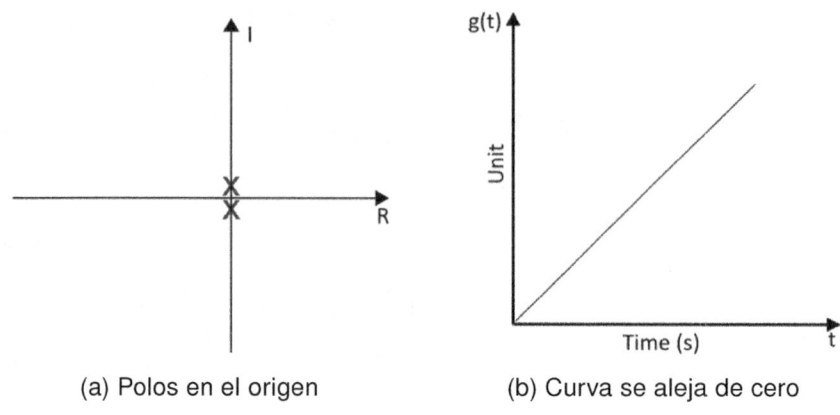

(a) Polos en el origen   (b) Curva se aleja de cero

Figura 5.9: Condiciones de inestabilidad.

Caso de raíces complejas conjugadas

Para las raíces complejas conjugadas cada pareja dará lugar a dos fracciones de la forma descrita en la ecuación (5.4)

$$G(s) = C_1 \frac{s + \gamma}{(s + \gamma)^2 + w_d^2} + C_3 \frac{W_d}{(s + \gamma)^2 + w_d^2} \tag{5.4}$$

Esto nos llevará a la respuesta impulsiones, la que tendremos.

$$g(t) = C_1 cos(W_d t)e^{-\gamma t}u_0(t) + C_3 sin(W_d t)e^{-\gamma t}u_0(t)$$

Esta ecuación se puede agrupar hasta llegar a un modo transitorio

$$g(t) = C_4 sin(W_d t + C_5)e^{-\gamma t}u_0(t)$$

por lo que

$$\int_0^\infty |g(t)|dt$$

será finita si $\gamma > 0$.

Condiciones de Estabilidad

Un sistema es estable si la parte real de sus polos complejos conjugados son negativos, figura 5.10a. Un sistema es estable si su curva se acerca asintóticamente a 0 ante una señal impulso, figura 5.10b.

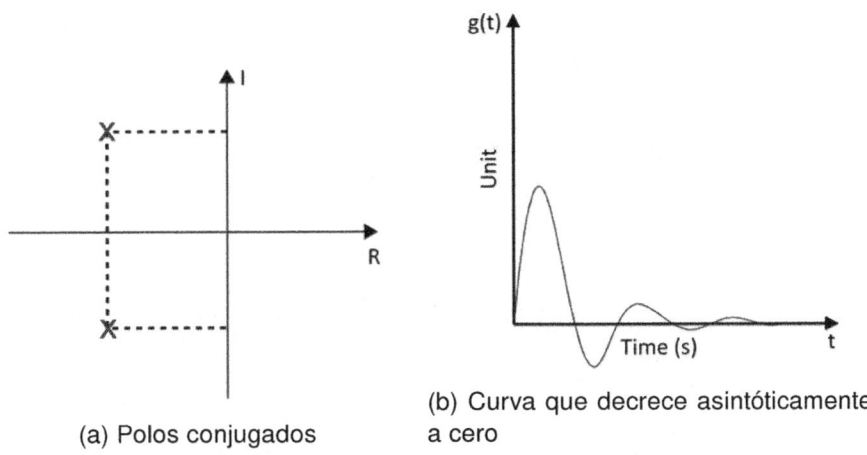

(a) Polos conjugados

(b) Curva que decrece asintóticamente a cero

Figura 5.10: Condiciones de estabilidad.

Condiciones de Inestabilidad

Un sistema es Inestable si la parte real de sus polos complejos conjugados son positivos, Figura 5.11a. Un sistema es Inestable si su curva sinusoidal crece ilimitadamente ante una señal impulso, Figura 5.11b.

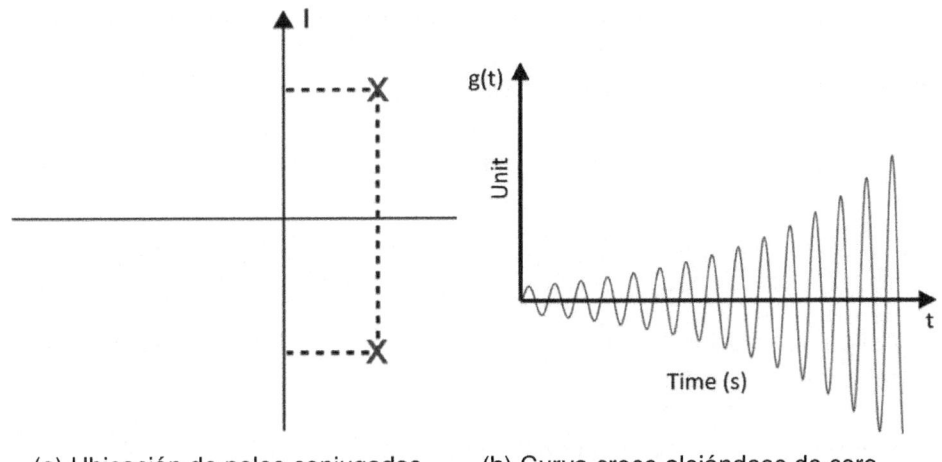

(a) Ubicación de polos conjugados

(b) Curva crece alejándose de cero

Figura 5.11: Condiciones de inestabilidad.

Un sistema es Inestable si sus polos complejos conjugados tienen parte real cero, Figura 5.12a. Un sistema es Inestable si sus oscilaciones se mantienen constantes ante una señal impulso, Figura 5.12b.

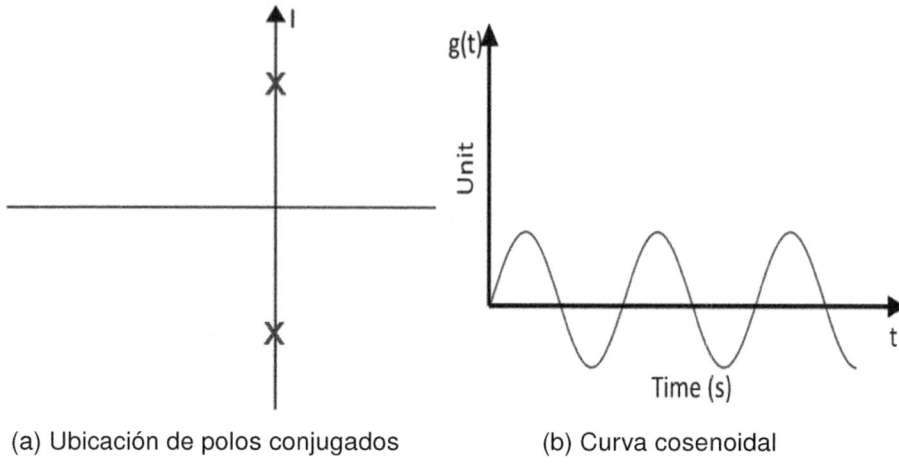

(a) Ubicación de polos conjugados   (b) Curva cosenoidal

Figura 5.12: Condiciones de inestabilidad.

Caso general

Como sabemos, al tener una función de transferencia $G(s)$ con diferentes polos, como resultado tendremos una respuesta impulsional $g(t)$, la cual será la suma de cada uno de sus polos. Por ende, cualquier respuesta temporal tendrá como resultado todos los modos transitorios según los polos del sistema.

Ejemplo

Tendremos un sistema con la siguiente descomposición en fracciones simples:

$$G(s) = \frac{8}{s+3} - \frac{5}{s+2} + \frac{s+3}{(s+3)^2 + 2^2} + \frac{2}{(s+6)^2} + \frac{1}{s+1}$$

Así pues, tendríamos como resultado todos sus polos con parte real negativa, por tal forma será estable

El sistema con respuesta impulsional será:

$$g(t) = [8e^{-3t} - 5e^{-2t} + \cos(2t)e^{-3t} + 2te^{-6t} + e^{-1t}]u_0(t)$$

En este caso la respuesta se puede descomponer en una suma de cinco términos

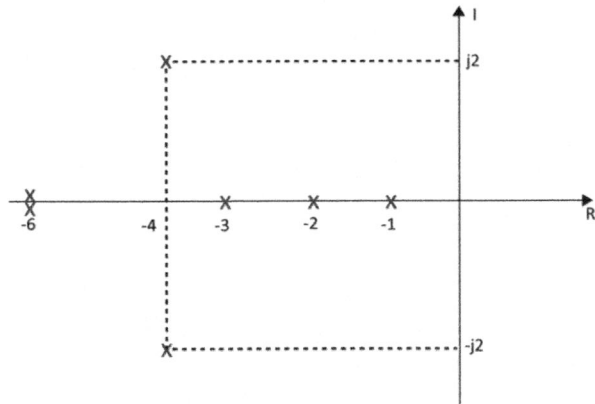

Figura 5.13: Ejemplo de caso general en plano complejo.

Transformada inversa de Laplace (impulso) y gráfica en Matlab

```
syms s t;
G(s) = (8)/(s+3);
g(t) = ilaplace(G(s))
g(t) =
8*exp(-3*t)
t = -0.1:0.01:10;
```

```
plot(t,g(t),'linewidth',1.5)
axis([-1 10 -1 10])
title('8*exp(-3*t)');
xlabel('Tiempo (s)');
ylabel('g(t)');
grid on;
```

Con el código anterior se obtuvo la transformada inversa de Laplace y su respectiva gráfica del primer término. Para los siguientes cuatros términos se realizará el mismo procedimiento, solo que cambiando la variable $G(s)$ en el código. Se debe tener en cuenta también modificar la función **axis** para apreciar mejor las curvas.

Cada término encontrado es un modo transitorio que contribuye a la respuesta global.

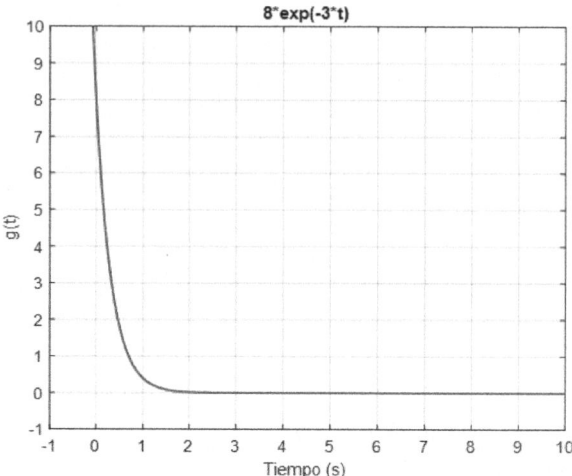

Figura 5.14: Gráfica de $8e^{-3t}$.

En resumen, el régimen transitorio se puede analizar de la siguiente forma:

- Mayor cantidad de polos, más lenta la respuesta del sistema.

- El polo que esté más cerca del eje imaginario será el más influyente en la respuesta del sistema.

- Si existen polos complejos conjugados, el sistema será oscilatorio.

- Si los polos están muy alejados del eje real, mayor será la frecuencia de las oscilaciones.

5.2. La respuesta en estado estacionario

5.2.1. La respuesta al escalón unitario

Una de las respuestas más usadas en la práctica es la señal de escalón unitario y la podremos denotar de la ecuación (5.5).

$$Y_0(s) = G(s)U_0(s)\frac{G(s)}{s} \tag{5.5}$$

Por ende, decimos que $y_0(t)$ es la integral de la respuesta impulsional $g(t)$:

$$y(t) = L^{-1}[\frac{G(s)}{s}] = \int_0^t g(\tau)d\tau$$

Al obtener esta relación entre la respuesta al escalón y la impulsional, podemos llegar a concluir que, si tenemos un sistema que sea estable, tendrá una respuesta en régimen permanente, ante una entrada escalón unitario que será finita:

$$\lim_{t\to\infty} |y_0(t)| < \infty$$

Sin embargo, de manera contraria no necesariamente será finita.

5.2.2. La ganancia estática

La ganancia estática k_e para un sistema estable se puede definir como el valor en que se estabiliza un sistema a su salida, cuando la entrada es un escalón unitario.

Por ejemplo, si tenemos un sistema estable con una ganancia estática de 2, ante una entrada escalón unitario tendremos una respuesta en régimen permanente de 2 unidades; en cambio, ante una entrada escalón unitario de 10 unidades, su respuesta en régimen permanente será de 20 ,ver figura 5.15.

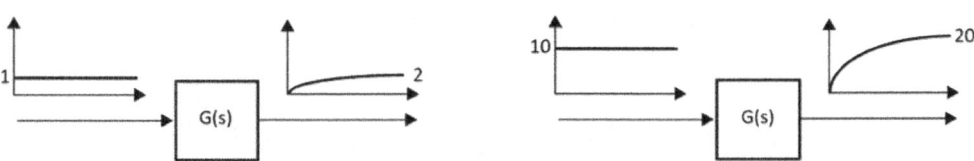

Figura 5.15: Comportamiento de la ganancia estática.

De tal forma se denomina característica estática de un sistema estable, a la relación en régimen permanente entre la entrada y salida, la cual es tiene una relación lineal:

Donde la pendiente de la relación será la ganancia estática.

Esta misma puede calcularse de tres maneras:

1. $K_e = \lim_{t\to\infty} y_0(t)$, por definición.

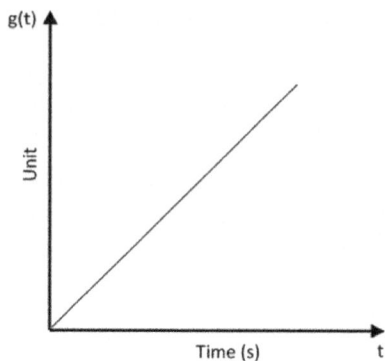

Figura 5.16: Relación en régimen permanente entre la entrada y salida

2. $K_e = \lim_{s \to 0} s Y_0(s) = \lim_{s \to 0} s G(s) \frac{1}{s} = G(0)$. No debe confundirse con la ganancia estática con el parámetro K del sistema.

3. $K_e = \lim_{t \to \infty} \int_0^t g(\tau) d\tau = \int_0^\infty g(t) dt$, la cual viene a ser la respuesta impulsional. Además, el área de la $g(t)$ debe ser finita para tener un sistema estable.

Cabe recalcar que si un sistema no es estable no habría forma de obtener la ganancia estática por ninguno de sus métodos.

Para poder obtener los valores iniciales y la pendiente en el origen de un escalón unitario de un sistema, usamos, respecto al valor inicial:

$$y_0(t) = \lim_{s \to \infty} s Y_0(s) = \lim_{s \to \infty} s G(s) \frac{1}{s} = \lim_{s \to \infty} G(s)$$

$$\lim_{s \to \infty} G(s) = \begin{cases} 0, si & n > m \\ \\ finito, si & n = m \end{cases}$$

Capítulo 6

Sistemas de primer orden

6.1. Forma característica

Las respuestas de estos sistemas se pueden analizar a entradas como la función escalón unitario, rampa e impulso unitarios. Se supone que las condiciones iniciales son cero. Todos los sistemas que tienen la misma función de transferencia presentarán la misma salida en respuesta a la misma entrada. Para cualquier sistema físico dado, la respuesta matemática recibe una interpretación física. Con la ecuación diferencial de primer orden en un sistema continuo:

$$T\dot{y}(t) + y(t) = K_e u(t)$$

Aplicando Laplace, se obtendrá su función de transferencia en su forma característica:

$$TsY(s) + Y(s) = K_e U(s)$$

$$(Ts + 1)Y(s) = K_e U(s)$$

$$\frac{Y(s)}{U(s)} = \frac{K_e}{Ts + 1} \tag{6.1}$$

Donde:

K_e= Ganancia Estática
T= Constante de tiempo

6.2. Respuesta ante el impulso

Aplicaremos la definición de la función impulso a sistemas de primer orden.

$$G(s) = \frac{K_e}{Ts + 1} = \frac{\frac{K_e}{T}}{s + \frac{1}{T}} \tag{6.2}$$

Como respuesta temporal:

$$g(t) = \frac{K_e}{T} e^{-\frac{t}{T}} u_0(t)$$

Condiciones:

- La dinámica del sistema depende de la posición del polo $s = 1/T$.

- El sistema es inestable si T<0.

- Un sistema estable es rápido mientras más a la izquierda se encuentre el polo, y viceversa.

La representación gráfica se puede obtener a partir de la figura 6.1.

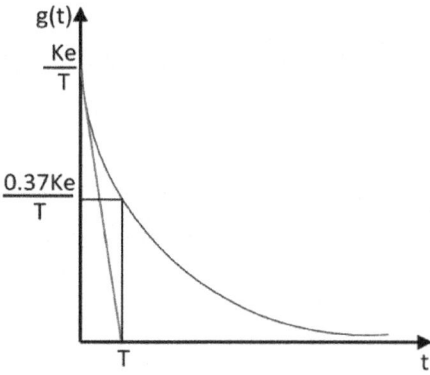

Figura 6.1: Respuesta impulsional.

Demostración

Cuando $t = 0$:

$$g(0) = \frac{K_e}{T} e^{-\frac{0}{T}} = \frac{K_e}{T}$$

Cuando $t = \infty$:

$$g(\infty) = \frac{K_e}{T}e^{-\frac{\infty}{T}} = 0$$

Cuando $t = T$:

$$g(T) = \frac{K_e}{T}e^{-\frac{T}{T}} = 0.37\frac{K_e}{T}$$

Ejemplo

Obtener la señal impulso de la siguiente función de transferencia

$$G(s) = \frac{13}{6s + 2}$$

Primero, se debe obtener la forma característica:

$$G(s) = \frac{K_e}{Ts + 1}$$

$$G(s) = \frac{13/2}{\frac{6}{2}s + 2/2} = \frac{6.5}{3s + 1}$$

$$K_e = 6.5$$

$$T = 3$$

$$\frac{K_e}{T} = \frac{6.5}{3} = 2.17$$

$$0.37\frac{K_e}{T} = 0.37\frac{6.5}{3} = 0.8$$

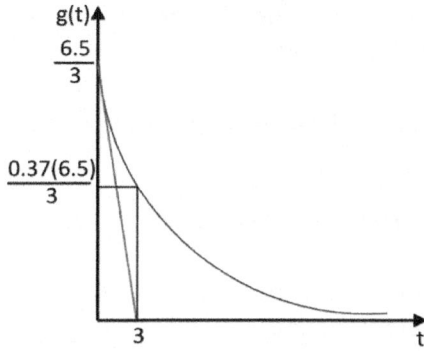

Figura 6.2: Respuesta impulsional, ejemplo.

A continuación, se mostrarán las gráficas en Matlab, para realizar una verificación;

```
G = tf([13],[6 2])
plot(impulse(G),'linewidth',1.5)
axis([0 140 -0.1 2.5])
xlabel('Time')
ylabel('Unit')
title('Impulse')
grid on;
```

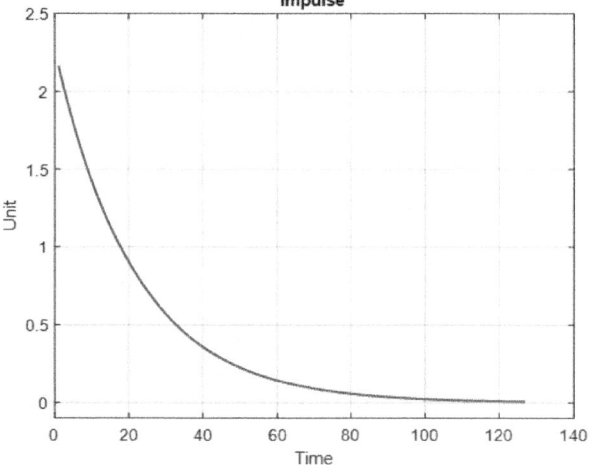

Figura 6.3: Gráfica del ejemplo realizada en MatLab.

Como se puede apreciar en la gráfica de Matlab, el pico coincide en 2.17. Cabe recalcar que con la función impulse de la función de transferencia se puede ver exactamente el valor de dicho pico.

En Simulink se puede verificar de la siguiente manera:

6.3.   Respuesta ante el escalón

Como la transformada de Laplace de la función escalón unitario es 1/s, sustituimos en la función característica:

$$G(s) = \frac{K_e}{Ts+1}\frac{1}{s}$$

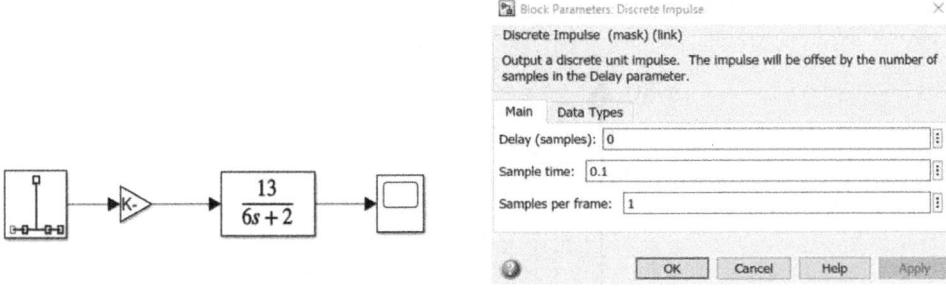

Figura 6.4: Gráfica del ejemplo realizada en Simulink.

Desarrollando esta expresión en fracciones simples nos queda

$$G(s) = \frac{1}{s} - \frac{T}{Ts+1} = \frac{1}{s} - \frac{1}{s + \frac{1}{T}}$$

$$G(s) = \frac{1}{s} - \frac{1}{s + \frac{1}{T}} \tag{6.3}$$

Calculando la inversa de Laplace, tenemos:

$$g(t) = K_e[1 - e^{-\frac{t}{T}}]u_0(t); \quad para \ t \geq 0 \tag{6.4}$$

Demostración

Cuando $t = 0$:
$$G(s) = \frac{1}{s} - \frac{T}{Ts+1} = \frac{1}{s} - \frac{1}{s + \frac{1}{T}}$$

Cuando $t = \infty$:

$$g(0) = K_e[1 - e^0] = K_e[1 - 1] = 0$$

Cuando $t = T$:

$$g(\infty) = K_e[1 - e^\infty] = K_e[1 - 0] = K_e$$

Una característica importante de tal curva de respuesta exponencial $g(t)$ es que, para $t = T$, el valor de $g(t)$ es 0.632, o que la respuesta $g(t)$ alcanzó 63.2 % de su cambio total. Esto se aprecia con facilidad sustituyendo $t = T$ en $g(t)$. Es decir:

$$g(T) = K_e[1 - e^{-1}] = 0.632 \cdot K_e$$

Representación Gráfica

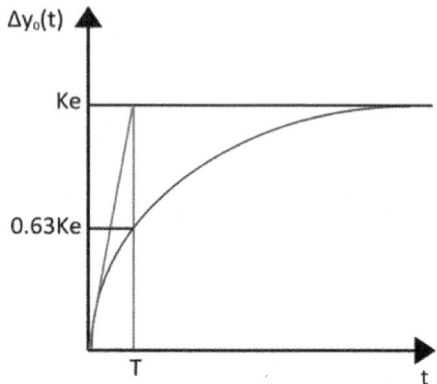

Figura 6.5: Gráfica característica de respuesta ante escalón unitario.

Tiempo de establecimiento en sistemas de primer orden

Es el tiempo que tarda el sistema en alcanzar el 98 % de su valor final. A partir de este punto el sistema se considera estable, es decir, su valor ya no va a cambiar.

Demostración

Sabemos que la ecuación de la respuesta temporal del sistema de primer orden es:

$$g(t) = K_e[1 - e^{-\frac{t}{T}}]u_0(t)$$

Entonces:

$$0.98K_e = K_e[1 - e^{-\frac{ts}{T}}]$$

$$0.98 = 1 - e^{-\frac{ts}{T}}$$

$$ln(1 - 0.98) = ln(e^{-\frac{ts}{T}})$$

$$-3.912 = -\frac{ts}{T}$$

$$ts = 3.912T$$

Ejemplo

Encontrar la respuesta escalón unitario de la siguiente función de transferencia:

$$G(s) = \frac{3}{8s + 1}$$

$$K_e = 3$$

$$T = 8$$

$$0.63K_e = 0.63(3) = 1.89$$

$$t_s = 3.912(8) = 31.296$$

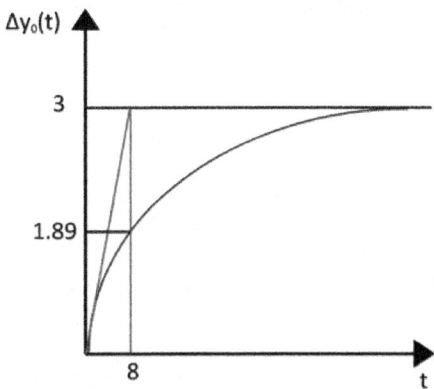

Figura 6.6: Respuesta ante el paso unitario, ejemplo.

Su simulación en MatLab verifica el valor de la ganancia estática.

```
G = tf([3],[8 1])
plot(step(G),'linewidth',1.5)
axis([0 200 -1 4])
title('Step')
xlabel('Time')
ylabel('Unit')
grid on
```

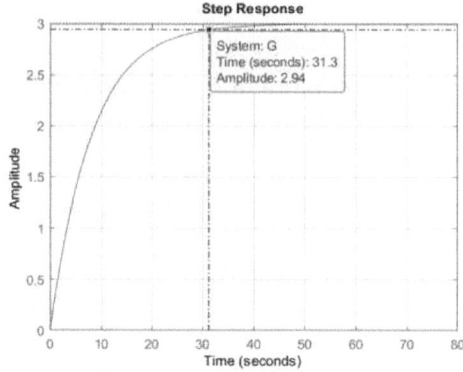

Figura 6.7: Gráfica con tiempo de establecimiento en MatLab.

En Simulink también podemos confirmar este valor de la siguiente manera:

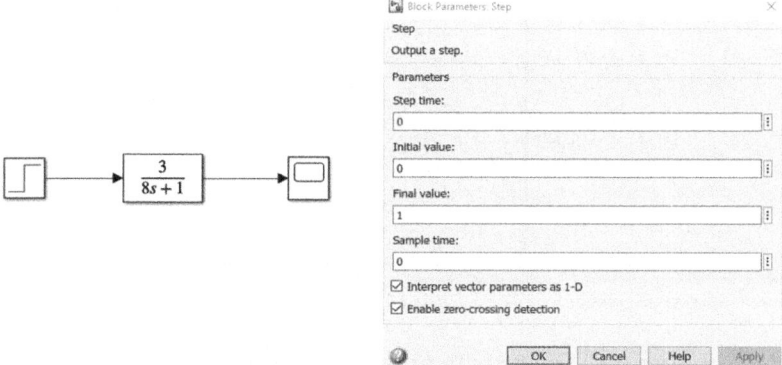

Figura 6.8: Configuración de escalón unitario en Simulink, ejemplo.

6.4. Respuesta ante la rampa

Si tenemos en cuenta que la transformada de Laplace de la función Rampa Unitaria es $\frac{1}{s^2}$, si aplicamos este concepto en la ecuación de representación de sistemas de primer orden tenemos la Ecuación (6.5).

$$G(s) = \frac{k_e}{1 + Ts} \cdot \frac{1}{s^2} \tag{6.5}$$

Si aplicamos la transformada inversa de Laplace se obtiene:

$$G(s) = \frac{k_e}{1 + Ts} \cdot \frac{1}{s^2}$$

$$y(t) = L^{-1}[G(s)]$$

$$y(t) = L^{-1}[\frac{k_e}{1+Ts} \cdot \frac{1}{s^2}]$$

$$y(t) = k_e t - k_e T + k_e T e^{-\frac{t}{T}}$$

$$y(t) = k_e(t - T + Te^{-\frac{t}{T}})$$

Ejemplo

De la siguiente función de transferencia obtenga los valores de k_e, T y $y(t)$, con su respectivo gráfico:

$$G(s) = \frac{12}{8+6s}$$

Solución

$$G(s) = \frac{\frac{12}{8}}{\frac{8}{8} + \frac{6}{8}s}$$

$$G(s) = \frac{\frac{3}{2}}{1 + \frac{3}{4}s}$$

$$y(t) = k_e(t - T + Te^{-\frac{t}{T}})$$

$$y(t) = \frac{3}{2}(t - \frac{3}{4} + \frac{3}{4}e^{\frac{-t}{\frac{3}{4}}})$$

$$y(t) = \frac{3}{2}(t - \frac{3}{4} + \frac{3}{4}e^{\frac{-t*4}{3}})$$

Donde:

$$k_e = \frac{3}{2}$$

$$T = \frac{3}{4}$$

$$y(t) = \frac{3}{2}(t - \frac{3}{4} + \frac{3}{4}e^{\frac{-t*4}{3}})$$

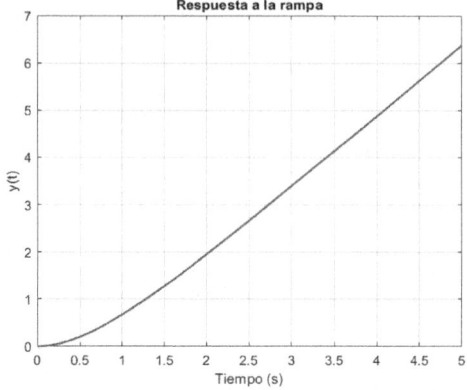

Figura 6.9: Grafica del ejemplo 1 ante la rampa - Simulink.

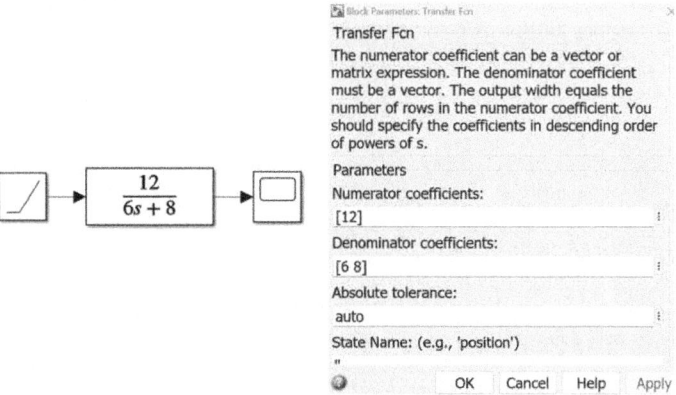

Figura 6.10: Configuración del ejemplo 1 función de transferencia en Simulink.

Ejemplo

De la siguiente función de transferencia obtenga los valores de k_e, T y $y(t)$, con su respectivo gráfico:

$$G(s) = \frac{15}{4.5 + 9s}$$

Solución

$$G(s) = \frac{\dfrac{15}{4.5}}{\dfrac{4.5}{4.5} + \dfrac{9}{4.5}s}$$

$$G(s) = \frac{\dfrac{15}{4.5}}{1 + \dfrac{9}{4.5}s}$$

$$y(t) = \frac{15}{4.5}\left(t - \frac{9}{4.5} + \frac{9}{4.5} \cdot e^{\frac{-t*4.5}{9}}\right)$$

Donde:

$$k_e = \frac{15}{4.5}$$

$$T = \frac{9}{4.5}$$

$$y(t) = \frac{15}{4.5}\left(t - \frac{9}{4.5} + \frac{9}{4.5} \cdot e^{\frac{-4.5t}{9}}\right)$$

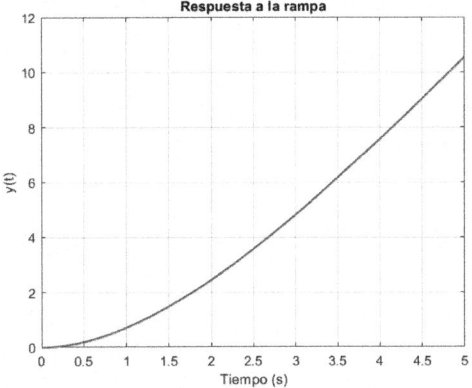

Figura 6.11: Grafica del ejemplo 2 ante la rampa - Simulink.

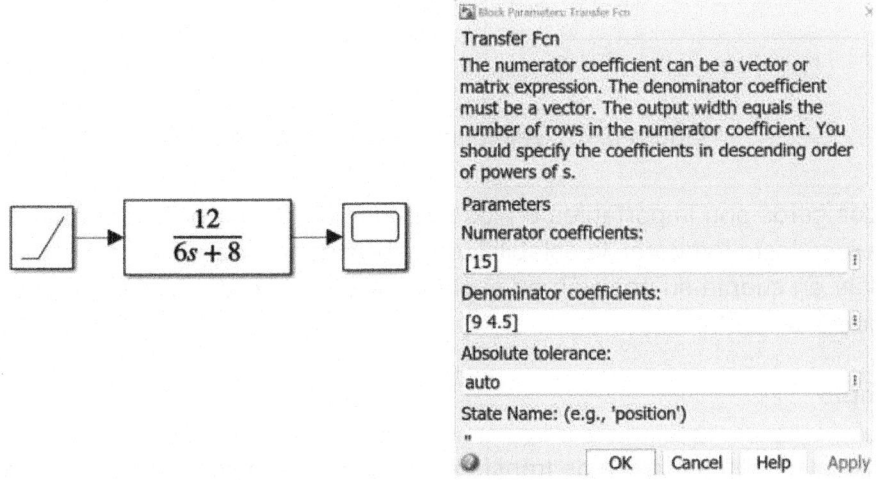

Figura 6.12: Configuración del ejemplo función de transferencia en Simulink

141

6.5. Influencia de los ceros

En los sistemas de primer orden, los ceros determinan el comportamiento de las frecuencias más altas en el sistema y, por lo tanto, su capacidad para responder rápidamente a las señales de entrada. A continuación, se presenta la función de transferencia característica con la presencia de máximo un cero en z:

$$G(s) = \frac{k_e(s + z)}{1 + Ts}$$

Un sistema con un solo cero a una frecuencia más alta tendrá una respuesta más rápida que un sistema con un cero a una frecuencia más baja. Además, la posición de los ceros en el plano real-imaginario también puede afectar la resonancia del sistema.

Si los ceros están ubicados en el semiplano izquierdo, pueden mejorar la estabilidad y aumentar la resonancia del sistema.

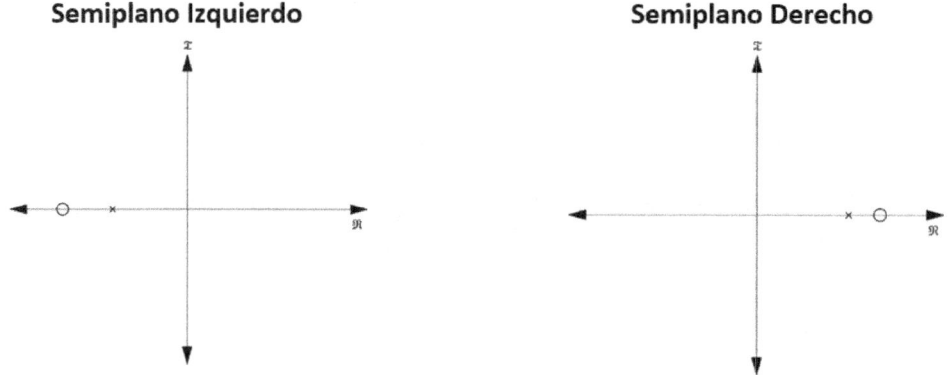

Figura 6.13: Semiplanos derecho e izquierdo

Los ceros son importantes en los sistemas de primer orden porque influyen en la respuesta temporal, la estabilidad y la resonancia del sistema. Es importante tener en cuenta su posición en el plano de polos y ceros al analizar y diseñar sistemas de control.

Ejemplo

De la siguiente función de transferencia ubicar su polo y cero respectivo:

$$G(s) = \frac{3}{4s + 2}$$

Solución

Polos:

$$4s + 2 = 0$$

$$s = \frac{-2}{4}$$

$$s = \frac{-1}{2}$$

Ceros:

$$3 + z = 0$$

$$z = -3$$

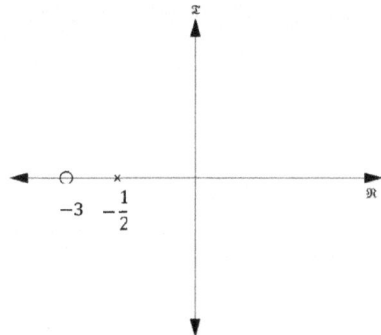

Figura 6.14: Gráfica de semiplano izquierdo - cero y polo.

Ejemplo

De la siguiente función de transferencia ubicar su polo y cero respectivo:

$$G(s) = \frac{14}{6s + 3}$$

Solución

Polos:

$$6s + 3 = 0$$

$$s = \frac{-3}{6}$$

$$s = \frac{-1}{2}$$

Ceros:

$$14 + z = 0$$

$$z = -14$$

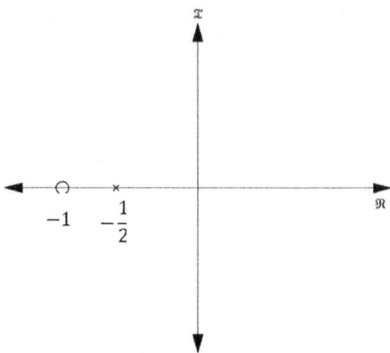

Figura 6.15: Gráfica de semiplano izquierdo - cero y polo- ejercicio 2

Capítulo 7

Sistemas de segundo orden

7.1. Forma característica

El sistema será definido por la ecuación diferencial de segundo orden:

$$\ddot{y}(t) + a_1\dot{y}(t) + a_0 y(t) = b_0 u(t)$$

Y su función de transferencia es:

$$G(s) = \frac{K_e W_n^2}{s^2 + 2\xi W_n s + W_n^2}$$

Donde:

K_e = ganancia estática
ξ = coeficiente de amortiguamiento(adimensional)
W_n = frecuencia natural no amortiguada (rad/s)

7.2. Tipos de amortiguamiento

Para el sistema de segundo orden tendremos siempre dos polos:

$$s_{1,2} = -\xi W_n \pm W_n \sqrt{\xi^2 - 1}$$

Según el valor de ξ, si $\xi > 1$, las raíces serán reales; si $\xi < 1$, las raíces serán complejas conjugadas.

Para el segundo caso tendremos una nueva ecuación:

$$s_{1,2} = -\xi W_n \pm W_n \sqrt{1 - \xi^2} = -\gamma \pm jW_d$$

Donde:

$\gamma = \xi W_n$ = constante de amortiguamiento
$W_d = W_n \sqrt{1 - \xi^2}$ = frecuencia amortiguada

La naturaleza de las raíces depende del valor de ξ:

a) Si $\xi = 0$, serán imaginarias puras, ver figura 7.1.

$$s_{1,2} = \pm jW_n$$

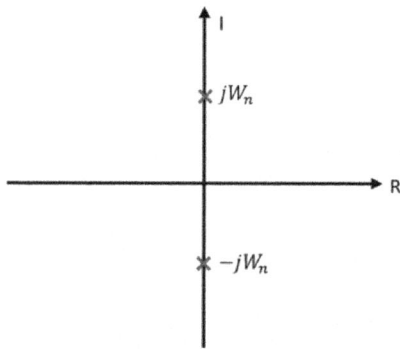

Figura 7.1: Raíces imaginarias puras en el plano complejo.

b) Si $0 < \xi < 1$, serán complejas conjugadas, ver figura 7.2.

$$s_{1,2} = -\gamma \pm jW_d$$

c) Si $\xi = 1$, serán real doble, ver figura 7.3.

$$s_{1,2} = -W_n$$

d) Si $\xi > 1$, serán reales negativos, ver figura 7.4.

$$s_{1,2} = -\xi W_n \pm W_n \sqrt{\xi^2 - 1}$$

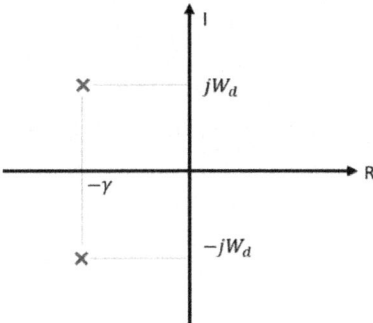

Figura 7.2: Raíces complejas conjugadas en el plano complejo.

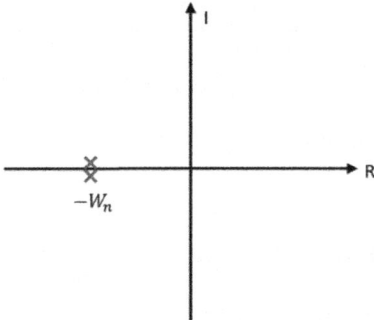

Figura 7.3: Raíces reales doble en el plano complejo.

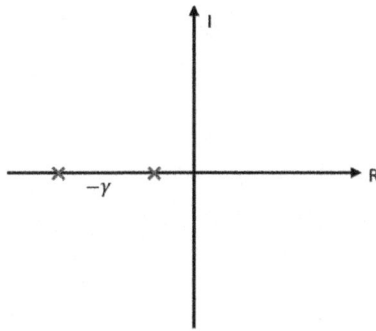

Figura 7.4: Raíces reales negativas en el plano complejo.

7.2.1. Sistemas oscilatorios

Respuesta ante el impulso

Su función de transferencia es:

$$G(s) = \frac{K_e W_n^2}{s^2 + W_n^2} \tag{7.1}$$

Por lo que tendrá una respuesta impulsional de:

$$g(t) = K_e W_n sin(W_n t) u_0(t) \tag{7.2}$$

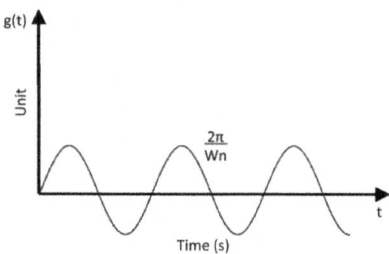

Figura 7.5: Respuesta impulsional del sistema no amortiguado $\xi = 0$.

Respuesta ante el escalón

Su respuesta al escalón unitario es:

$$y_0(t) = K_e[1 - cos(W_n t)]u_0(t)$$

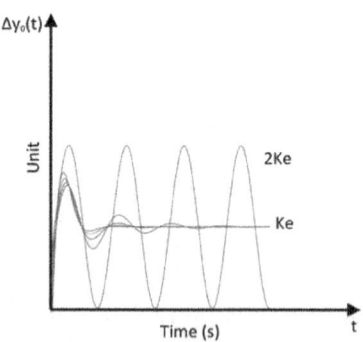

Figura 7.6: Respuesta ante el paso del sistema no amortiguado $\xi = 0$.

7.2.2. Sistemas subamortiguados

Respuesta ante el Impulso

Su función de transferencia corresponde a:

$$G(s) = \frac{K_e W_n^2}{s^2 + 2\xi W_n s + W_n^2} \tag{7.3}$$

Con lo que:

$$g(t) = \frac{K_e W_n}{\sqrt{1 - \xi^2}} sin(W_d t) e^{-\gamma t} u_0(t) \tag{7.4}$$

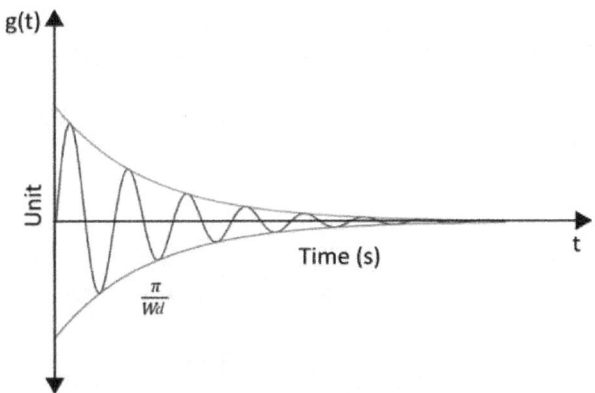

Figura 7.7: Respuesta impulsional del sistema subamortiguado $0 < \xi < 1$.

Respuesta ante el escalón

$$Y_0(s) = \frac{K_e W_n^2}{s^2 + 2\gamma s + W_n^2} \cdot \frac{1}{s}$$

$$= K_e[\frac{1}{s} - \frac{s + 2\gamma}{s^2 + 2\gamma s + W_n^2}]$$

$$= K_e[\frac{1}{s} - \frac{s + \gamma}{(s + \gamma)^2 + W_d^2} - \frac{\gamma}{W_d} \cdot \frac{W_d}{(s + \gamma)^2 + W_d^2}]$$

Obteniendo la transformada inversa tendríamos la respuesta al escalón unitario:

$$y_0(t) = K_e[1 - \frac{sin(W_d t + \theta)}{sin(\theta)} e^{-\gamma t}] u_0(t) \tag{7.5}$$

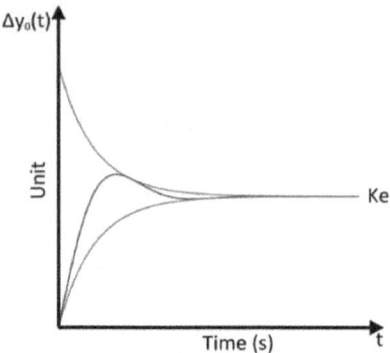

Figura 7.8: Respuesta ante el paso del sistema subamortiguado $0 < \xi < 1$.

Caracterización Dinámica de sistemas subamortiguados

Los siguientes parámetros se evalúan principalmente para sistemas subamortiguados y sobreamortiguados:

a) Sobreoscilación (M_p)

La amplitud del pico expresado como un porcentaje del valor final.

$$M_p = e^{-\frac{\gamma\pi}{w_d}} \cdot 100 \tag{7.6}$$

b) Tiempo de subida (t_r)

Tiempo que demora el sistema en ir del 10 % al 90 % de su valor final.

$$t_r = -\frac{\pi - \theta}{w_d} \tag{7.7}$$

c) Tiempo pico (t_p)

Tiempo en el cual sucede el primer pico en la gráfica.

$$t_p = -\frac{\pi}{w_d} \tag{7.8}$$

d) Tiempo de establecimiento (t_s)

Valor en el cual la señal de respuesta entran en una banda del $\pm 2\,\%$ de su valor final.

$$t_p = \frac{3.91 - ln(sin(\phi))}{\gamma} \tag{7.9}$$

d) Número de oscilaciones (N)

Se refiere al número de oscilaciones que tarda el sistema en entra en la una banda entre el 92 % y 108 % del valor final.

$$N \geq tan(\phi) \tag{7.10}$$

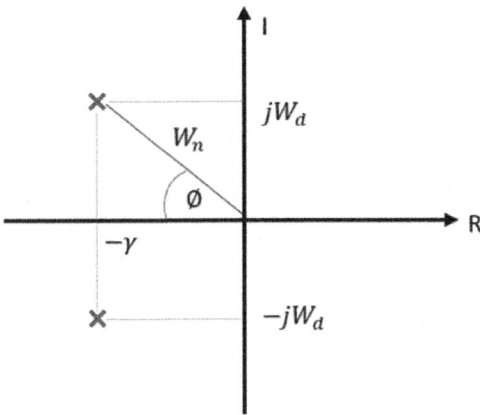

Figura 7.9: Componentes del régimen dinámico en el plano complejo.

Observaciones

- Al incrementar la frecuencia amortiguada w_d, el tiempo pico t_p decrece, debido a que la rapidez del sistema aumenta y el pico se produce antes.

- Al incrementar γ, decrece el tiempo de establecimiento t_s. Como consecuencia el sistema es más rápido.

- Al incrementar ϕ, también M_p incrementa, es decir, el pico es alto.

7.2.3. Sistemas críticamente amortiguados

Respuesta ante el impulso

La función de transferencia queda reducida a:

$$G(s) = \frac{K_e W_n^2}{s^2 + 2W_n s + W_n^2}$$

Y su respuesta impulsional será:

$$g(t) = K_e W_n^2 t e^{-W_n t} u_0(t)$$

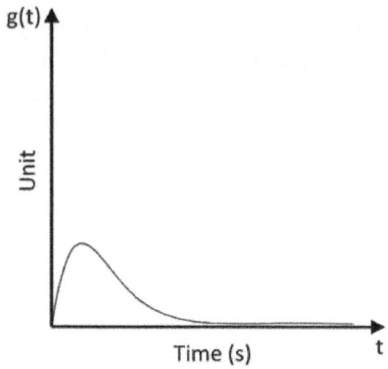

Figura 7.10: Gráfica de sistema críticamente amortiguado $\xi = 1$.

Respuesta ante el escalón

Su respuesta al escalón unitario es:

$$y_0(t) = K_e[1 - (1 + W_n t)e^{-W_n t}]u_0(t)$$

Se diferencia de un sistema de primer orden en que la derivada en el origen es nula.

7.2.4. Sistemas sobreamortiguados

Respuesta ante el impulso

La función de transferencia tiene raíces reales:

$$G(s) = \frac{K_e}{(1 + T_1 s)(1 + T_2 s)} = \frac{K_e}{T_1 - T_2}[\frac{T_1}{1 + T_1 s} - \frac{T_2}{1 + T_2 s}]$$

Y la respuesta impulsional es:

$$g(t) = \frac{K_e}{T_1 - T_2}[e^{-\frac{t}{T_1}} - e^{-\frac{t}{T_2}}]u_0(t)$$

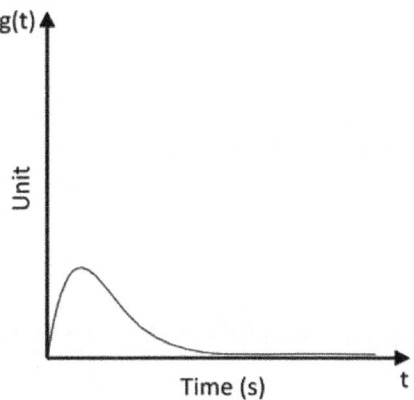

Figura 7.11: Respuesta impulsional de sistema sobreamortiguado $\xi > 1$.

Respuesta ante el escalón

Su respuesta temporal es:

$$y_0(t) = K_e[1 - \frac{T_1}{T_1 - T_2}e^{-\frac{t}{T_1}} + \frac{T_2}{T_1 - T_2}e^{-\frac{t}{T_2}}]u_0(t)$$

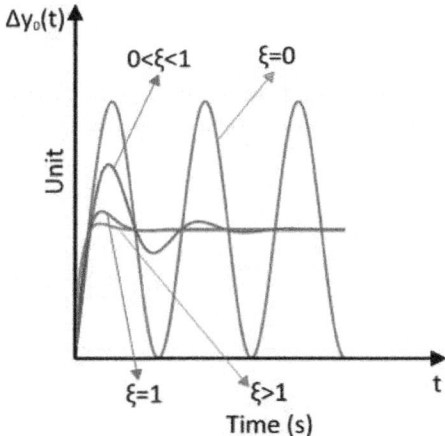

Figura 7.12: Respuesta ante el paso de sistema sobreamortiguado $\xi > 1$.

Capítulo 8

Sistemas de orden superior

8.1. Ceros influyentes

Se establece la siguiente expresión como ejemplo de un sistema de segundo orden subamortiguado, con un solo cero. (8.1)

$$G(s) = \frac{K_e w_n^2 (1 + Ts)}{s^2 + 2\sigma s + w_n^2} \tag{8.1}$$

De este modo se conserva la ganancia estática Ke con respecto al sistema inicial.

Fíjese que la adición de ceros puede modificar la pendiente en el origen de su respuesta temporal. Este hecho surge dado el cambio de grados entre el numerador y el denominador.

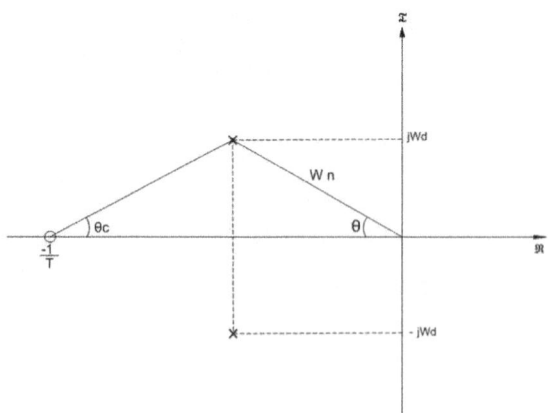

Figura 8.1: Ubicación de ceros en el sistema inicial.

Tabla 8.1: Variación de t_r, t_p y M_p.

t_r	disminuye
t_p	disminuye
M_p	aumenta

De tal modo la respuesta de este sistema ante la entrada escalón unitario sería:

$$y_0(t) = K_e[1 - \frac{sen(w_dt + \theta + \theta_c)}{sen(\theta + \theta_c)}e^{-\sigma t}]u_0(t)$$

Con:

$$t_r = \frac{\pi - (\theta + \theta_c)}{wd}$$

$$t_p = \frac{\pi - \theta_c}{wd}$$

$$M_p = \frac{sen\theta}{sen(\theta + \theta_c)}100 \cdot e^{-\frac{(\pi - \theta_c)}{tg\theta}}$$

$$t_s = \frac{3 - ln(sen(\theta + \theta_c))}{\sigma}$$

Concluyendo: el cero cercano al eje imaginario se vuelve más influyente; por ende, el pico suele ser más grande y se produce en menos tiempo.

Otro método de verificación de la misma cuestión resulta en la descomposición de G(s) de la forma:

$$G(s) = \frac{K_e w_n^2}{s^2 + 2\sigma s + w_n^2} + \frac{k_e w_n^2 s}{s^2 + 2\sigma s + w_n^2}$$

Observe en el siguiente ejemplo la curva original de color naranja y la curva resultante azul, con un cero adicional.

Si se desea replicar la Figura 8.2, donde se ilustra el efecto de la adición del cero a un sistema, se invita al lector a probar el siguiente código:

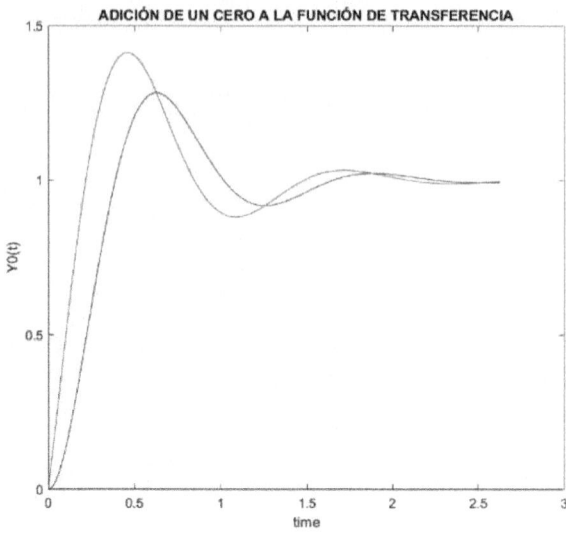

Figura 8.2: Comparación entre curvas originales y con cero adicional.

```
clear
clc
n1=[29];
d1=[1,4,29];
n2=[4.5 29];
d2=[1,4,29];
G1=tf(n1,d1)
G2=tf(n2,d2)
step(G1);
hold on;
step(G2);
plot(t1,y1,'b',t2,y2,'r')
title('ADICIÓN DE UN CERO A LA FUNCIÓN DE TRANSFE-
RENCIA')
xlabel('time')
ylabel('Y0(t)')
```

En conclusión, aumentar un cero al sistema, lo vuelve más rápido y de mayor cuantía.

Cuanto más cerca se encuentre el cero del eje imaginario, más rápido será el sistema ya que aumenta θ_c. Al aumentar el parámetro T, mayor es la componente que se está sumando.

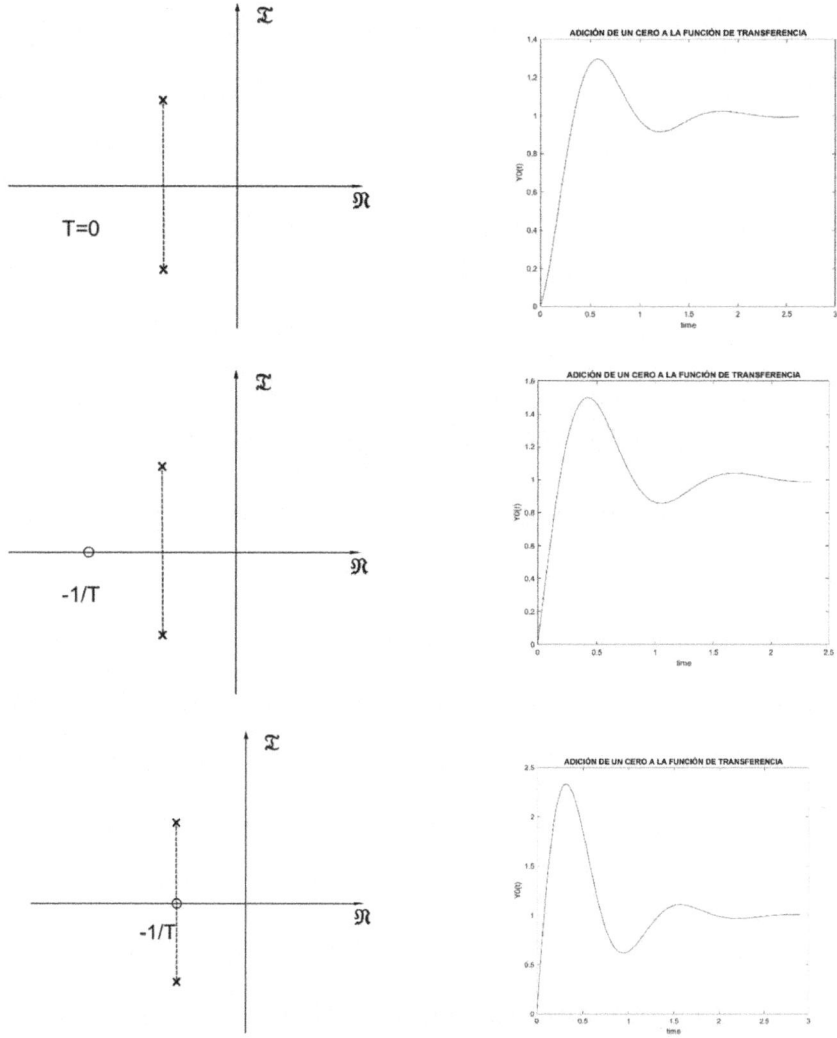

Figura 8.3: Comparativa de ceros añadidos

En el caso de que el cero sea positivo, el sistema es de fase no mínima.

Si se observa la última gráfica, el sistema arranca al contrario de lo deseado, estos sistemas son problemáticos. También en este caso el cero no influye
demasiado.

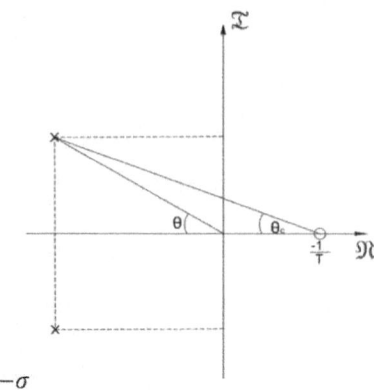

Figura 8.4: Cero positivo, con fase no mínima.

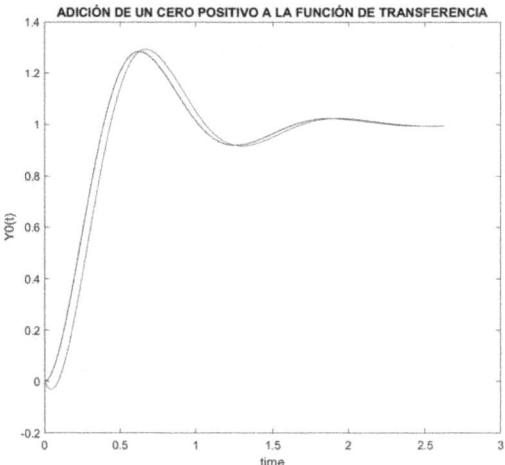

Figura 8.5: Adición de un cero positivo al sistema.

8.2. Influencia de polos

Se realizará un análisis similar al de los ceros. Estudiaremos el efecto de poner un polo en sistemas de enésimo orden. El análisis partirá del estudio de un sistema de segundo orden subamortiguado, cuya función de transferencia está descrita en la ecuación (8.2)

$$G(s) = \frac{K_e w_n^2}{(1 + Ts) \cdot (s^2 + 2\gamma s + w_n^2)} \tag{8.2}$$

Manteniendo como en el primer caso, la ganancia estática:

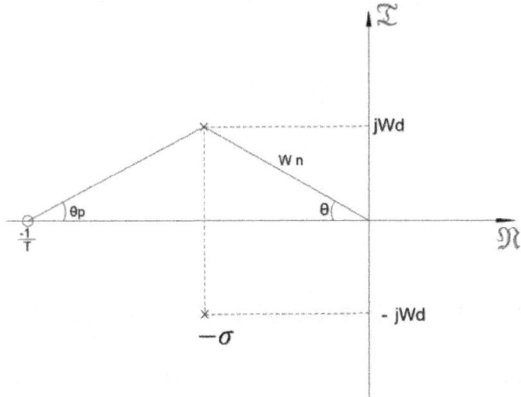

Figura 8.6: Ubicación de los Polos en un sistema inicial.

La respuesta del sistema ante entrada escalón sería:

$$y_0(t) = K_e[1 + sin(w_d t + \theta - \theta_p)sin(\theta + \theta_p) + sin^2(\theta_p)e^{-\frac{w_d t}{tg\theta_p}} \frac{e^{-\frac{w_d t}{tg\theta_p}}}{sin^2(\theta)}]u_0(t)$$

$$tr = \frac{\pi - (\theta - \theta_p)}{w_d}$$

$$tp = \frac{\pi + \theta_p}{w_d}$$

$$Mp = \frac{sin(\theta + \theta_p)}{sin(\theta)}e^{-\frac{w_d t}{tg\theta_p}}100$$

Encontrar una expresión analítica para obtener el tiempo de establecimiento se vuelve una tarea sumamente compleja por lo que es mejor utilizar métodos iterativos.

Tabla 8.2: Variación de t_r, t_p y M_p.

t_r	aumenta
t_p	aumenta
M_p	disminuye

Volvemos a comprobar el resultado usando la descomposición en bloques:

$$G(s) = \frac{K_e w_n^2}{s^2 + 2\sigma s + w_n^2} \cdot \frac{1}{1 + Ts}$$

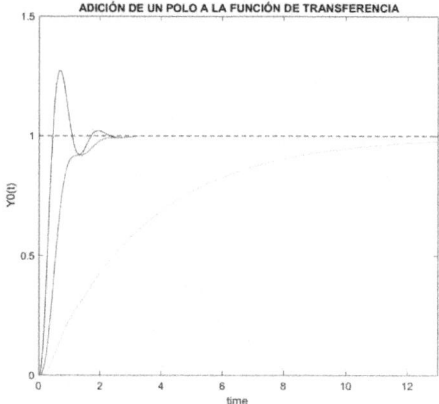

Figura 8.7: Bloques para la comprobación con división en bloques.

La respuesta ante el escalón unitario del sistema con un polo adicional es la misma del sistema de segundo orden sin un polo pero siguiendo la curva exponencial.

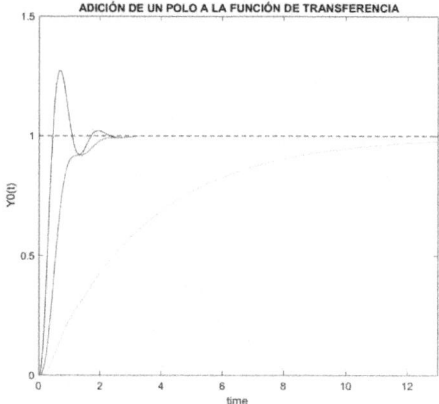

Figura 8.8: Comparativa de respuesta al paso con polos añadidos.

En conclusión, aumentar un polo hace que el pico se tarde en producir y que sea de menor cuantía.

Mientras más se acerque el polo al eje imaginario, el sistema se ralentizará.

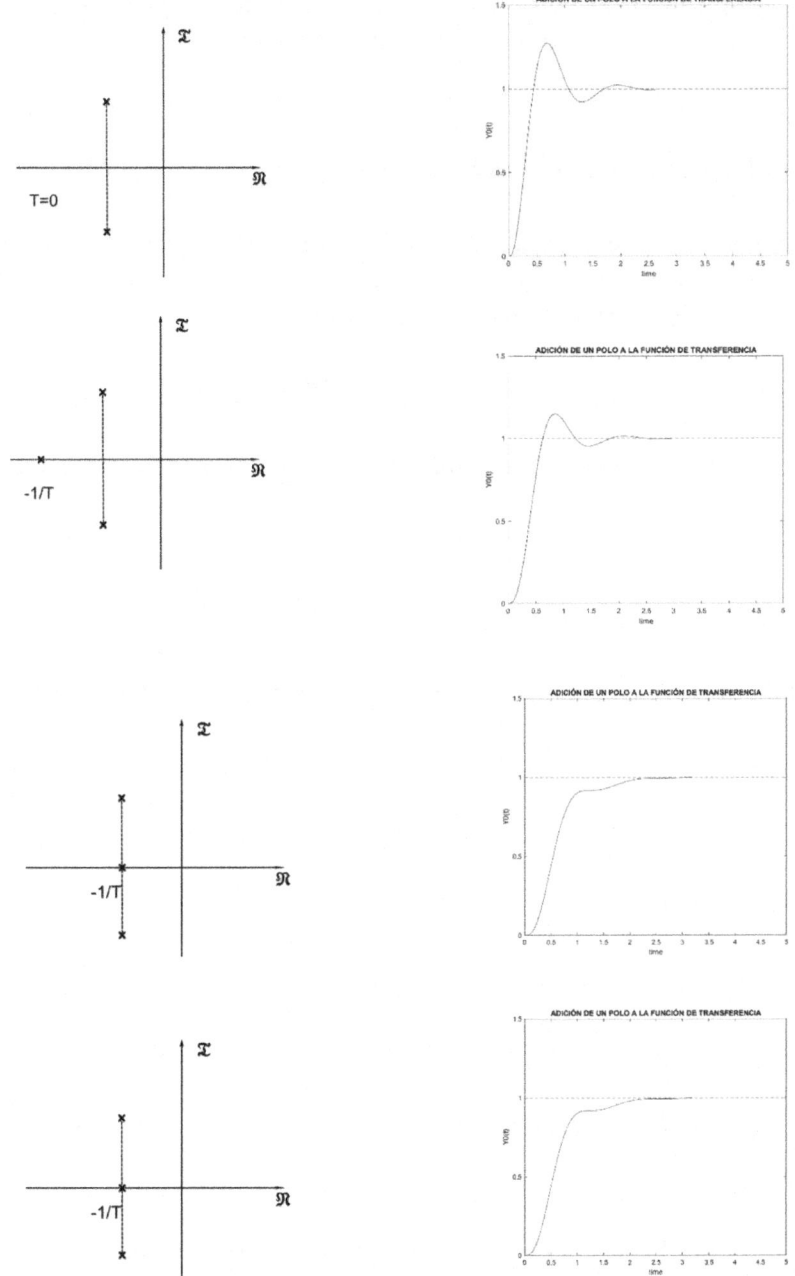

Figura 8.9: Comparativa de polos añadidos.

Analizando los últimos dos casos, se observa que se han ralentizado tanto que el pico se produce mucho antes que se alcance el valor final.

En este apartado no se analiza el caso en el que el polo tenga parte real positiva, ya que corresponde a un sistema inestable.

8.3. Influencia de pares polo-cero

Analicemos el caso en que se añade una pareja constituida por un polo y un cero. Partiendo de un mismo sistema de segundo orden subamortiguado, estableciendo la función de transferencia como:

$$G(s) = \frac{K_e w_n^2 (1 + T_n s)}{(1 + T_d s)(s^2 + 2\sigma s + w_n^2)}$$

Nuevamente conservando la ganancia estática, descomponemos G(s) en dos bloques:

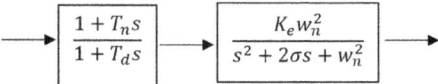

Figura 8.10: Descomposición en bloques para la comprobación.

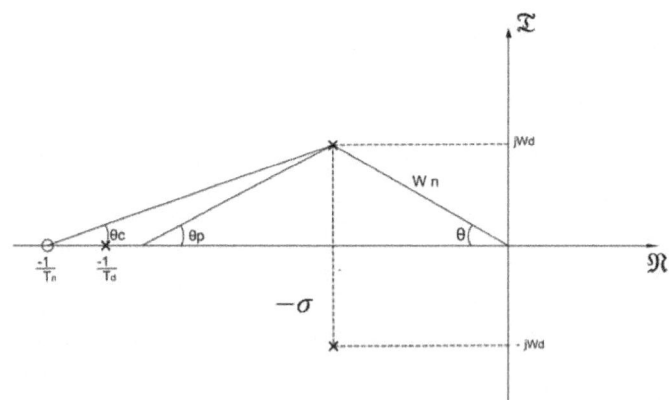

Figura 8.11: Influencia de un par polo-cero en el sistema.

Consideraciones

La cercanía del polo y del cero como pareja establece su efecto, a mayor cercanía menor efecto, pues se produciría una cancelación entre ambos.

Si existe una distancia adecuada entre ellos, se podrían estudiar como elementos separados, esperando que ambos influyan en la dinámica del sistema. Tiene mayor efecto aquel que se encuentra más cercano al eje imaginario.

Usando un par polo-cero en el escalón unitario arroja una respuesta igual a la del segundo orden original, con un comportamiento exponencial:

- De un valor mayor que la unidad, si el cero se encuentra más cercano al eje (con lo que el sistema se acelera inicialmente).

- Puede partir de un valor menor que la unidad, si es polo el que se encuentra más cercano al eje.

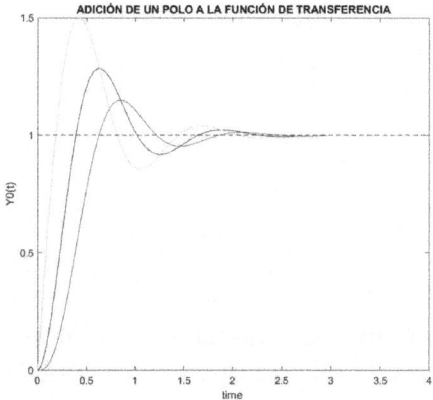

Figura 8.12: Adición de un par polo-cero a la función original.

De acuerdo a la gráfica. La curva verde representa la presencia de un cero influyente; la azul, la función original, y la roja, la presencia de un polo influyente. Si se desea replicar en MATLAB las gráficas, se usa el siguiente código:

```
clear
clc
n1=[29];
d1=[1 4 29]1;
n2=[145];
d2=[1 9 49 145];
n3=[5.8 29];
d3=[1 4 29];
```

```
G1=tf(n1,d1)
G2=tf(n2,d2)
G3=tf(n3,d3)

step(G1);
hold on;
step(G2);

step(G3);
axis([0 4 ...
0 1.5])
title('ADICIÓN DE UN POLO A LA FUNCIÓN DE TRANSFE-
RENCIA')
xlabel('time')
ylabel('Y0(t)')
x = xlim; % Rango actual de los valores de x
y = [1 1]; % Coordenadas de inicio y final de la lí-
nea horizontal
line(x, y, 'LineStyle', '-', 'Color', 'k') % Crea la
línea entrecortada
```

En conclusión, aumentar un par polo-cero al sistema cambia el comportamiento del sistema, haciendo que el pico se ralentice y sea de menor magnitud, si el polo es el más cercano al eje imaginario, y hace que el pico se vuelva más rápido y sea mayor si el cero se convierte en el más influyente.

8.4. Sistemas de orden superior

La función de transferencia de un sistema de orden n se dispone como la ecuación (8.3)

$$G(s) = K \frac{\prod_{i=1}^{m}(s - z_i)}{\prod_{i=1}^{n}(s - p_i)} \tag{8.3}$$

Siendo $n \geq m$. El objetivo será reducir los sistemas de orden superior a un similar de primer o segundo orden con una dinámica más sencilla de analizar. La respuesta temporal de un sistema de orden superior viene denotada por:

$$G(s) = K \frac{\prod_{i=1}^{m}(s - z_i)}{\prod_{i=1}^{n}(s - p_i)} = \frac{A_0}{s} + \frac{A_1}{s - p_1} + ... + \frac{A_n}{s - p_n}$$

$$y_0(t) = [A_0 + A_1 e^{p_1 t} + ... + A_n e^{p_n t}]u_0(t)$$

A_0 está relacionado con la respuesta en estado estacionario:

$$A_0 = [Y_0(s)(s - p_j)]_{s=pj} = G(0)$$

Mientras que los coeficientes A_j se relacionan con la respuesta transitoria:

$$A_0 = [Y_0(s)(s - p_j)]_{s=p_j} = \frac{\prod_{i=1}^{m}(p_j - z_i)}{\prod_{i=1/i \neq j}^{n}(p_j - p_i)}$$

Los sumandos $A_j e^{p_j t}$ resultan ser exponenciales cuando se analiza el caso de polos reales.

Analizando el caso de los polos complejos conjugados, cada pareja de términos conjugados podría ser agrupada en una sola que pueda contener:

$$|A_j| e^{-\sigma_j t}$$

Con $-\sigma_j = R(p_j)$. En ambos casos se entiende que mientras más grande sea la componente real del polo, el sistema será más rápido.

En conclusión, los polos que se encuentren lejanos al eje imaginario estarán dentro de un modo transitorio de forma no tan influyente. De este modo, la dinámica principal del sistema será la marcada por los polos más cercanos al eje imaginario, denominados polos y ceros influyentes.

Por su parte se denominarán como **polos dominantes(P_d)** a aquel polo real o la pareja de polos complejos conjugados más cercanos al eje imaginario.

Añadir polos y ceros a un sistema definido por sus polos dominantes, afectará tanto menos cuanto más alejados se encuentren dichos polos y ceros del eje imaginario.

8.5. Sistemas reducidos equivalentes

El sistema $G(s)$ se podrá aproximar por un sistema reducido equivalente definido como $\tilde{G}(s)$, cuya principal característica es la eliminación de ceros y polos no influyentes, es decir, cuyo efecto en la dinámica sea muy bajo, al punto de

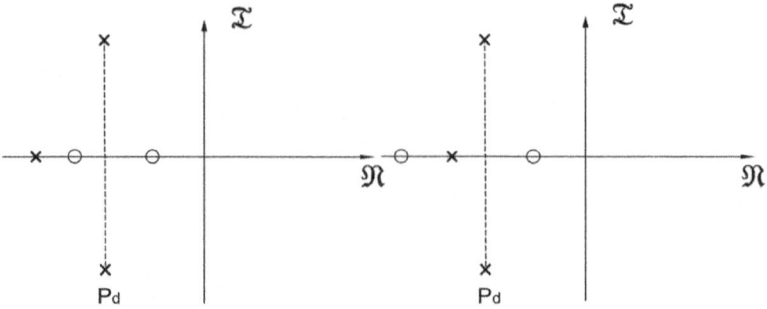

Figura 8.13: Ubicación de polos dominantes.

no ser considerado. La aproximación cumple con que la respuesta al escalón de ambos $y_0(t)$ y $\tilde{y}_0(t)$ sea lo más parecida posible.

Conservación de la ganancia estática

Debemos conseguir un comportamiento estático idéntico:

$$\lim_{t\to\infty} y_0(t) = \lim_{t\to\infty} \Delta \tilde{y}_0(t)$$

Dada la eliminación del polo o del cero, hay que garantizar la ganancia estática en el sistema reducido, es decir:

$$\tilde{G}(0) = G(0) = K \frac{\prod_{i=1}^{m}(-z_i)}{\prod_{i=1}^{n}(-p_i)} = K_e$$

Por esta razón, si cancelamos un polo p_l, veremos reducido el sistema a:

$$\tilde{G}(s) = K \frac{\prod_{i=1}^{m}(s - z_i)}{\prod_{i=1/i\neq j}^{n}(s - p_i)} = K_e$$

Cancelado el cero:

$$\tilde{G}(s) = K \frac{-z_l \prod_{i=1}^{m}(s - z_i)}{-p_l \prod_{i=1}^{n}(s - p_i)}$$

O cancelando el par polo-cero (p_l, z_l):

$$\tilde{G}(s) = K \frac{-z_l \prod_{i=1/i\neq 1}^{m}(s - z_i)}{-p_l \prod_{i=1/i\neq 1}^{n}(s - p_i)}$$

Cancelación de polos

Para sistemas donde $n > m$, los polos suficientemente alejados del eje imaginario no influyen demasiado en ese eje, es decir, no afectan a la dinámica del sistema de manera considerable.

Recalquemos que la cancelación de un polo p_1 no afecta sustancialmente al resto de los modos de transición señalados como $A_j e^{p_j t}$, ya que el sistema reducido equivalente se establece como:

$$\tilde{G}(s) = K \frac{\prod_{i=1}^{m}(s - z_i)}{-p_l \prod_{i=1/i\neq 1}^{n}(s - p_i)}$$

Añadimos los nuevos coeficientes:

$$\tilde{A} = K \frac{\prod_{i=1}^{m}(p_j - z_i)}{-p_J p_l \prod_{i=1/i\neq j,l}^{n}(p_j - p_i)}$$

Usando $j \neq 1$, vemos que nos aproximamos mucho al sistema original $G(s)$

$$A_j = K \frac{\prod_{i=1}^{m}(p_j - z_i)}{p_j \prod_{i=1/i\neq j}^{n}(p_j - p_i)}$$

Recordando la consideración: $-p_l \approx (p_j - p_l)$. Se despreciará el efecto de aquellos polos cuya parte real $-\sigma_p$ sea mucho mayor que la de los polos dominantes $-\sigma$.

Ejemplifiquemos el caso en que el criterio es $\sigma_p > 6\sigma$.

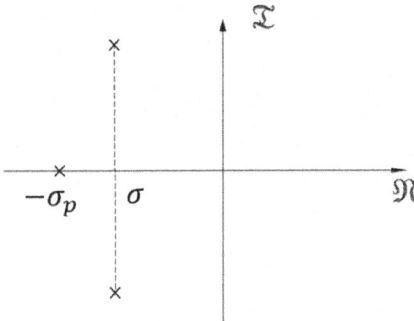

Figura 8.14: Diagrama de distribución donde el criterio es $\sigma_p > 6\sigma$.

Como se observa, un polo inestable no puede ser cancelado, dado que no conseguiríamos el mismo comportamiento equivalente.

Cancelación de ceros

Los ceros alejados del eje imaginario tienen poca influencia en la dinámica del sistema. La cancelación de un cero alejado no afecta a los modos transitorios, con el sistema reducido equivalente de la forma:

$$\tilde{G}(s) = K \frac{-z_l \prod_{i=1/i\neq 1}^{m}(s - z_i)}{-p_l \prod_{i=1}^{n}(s - p_i)}$$

Con los coeficientes nuevos:

$$\tilde{A} = K \frac{-z_l \prod_{i=1/i\neq 1}^{m}(p_j - z_i)}{-p_j p_l \prod_{i=1/i\neq j}^{n}(p_j - p_i)}$$

Resultandos similares a los del sistema original $G(s)$

$$A_j = K \frac{\prod_{i=1}^{m}(p_j - z_i)}{p_j \prod_{i=1/i\neq j}^{n}(p_j - p_i)}$$

Ya que:
$$-z_l \approx (p_j - z_l)$$

Finalmente, se despreciará el efecto que causen los ceros cuya parte real sea mucho mayor que la de los polos dominantes.

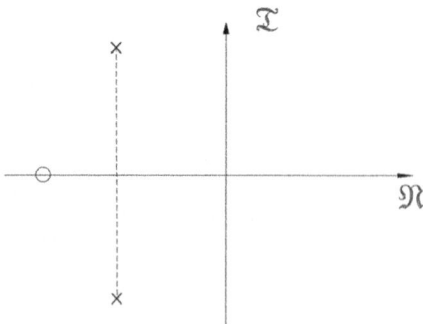

Figura 8.15: Diagrama de distribución con el cero con parte positiva.

Fíjese que ahora un cero con parte real positiva sí puede cancelarse, siempre que se encuentre suficientemente alejado.

Cancelación de pares polo-cero:

Los pares polo-cero cercanos entre sí son cancelables.

Verifiquemos el coeficiente de un sistema con polos dominantes P_d. Un polo p_l tiene un cero cercano z_l, el modo transitorio, es decir, tendrá como coeficiente:

$$A_l = K \frac{\prod_{i=1}^{m}(p_j - z_i)}{p_j \prod_{i=1/i \neq j}^{n}(p_j - p_i)}$$

Si $|p_j - z_i|$ es pequeño en comparación con $|p_l|$ y $|p_l - p_d|$, el coeficiente A_l será pequeño:

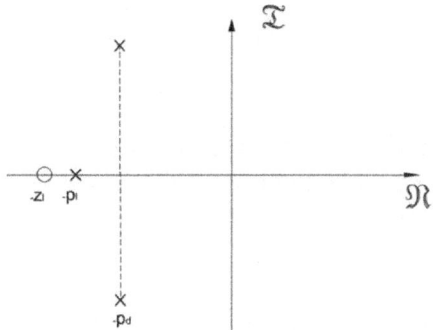

Figura 8.16: Diagrama de ejemplificación con el criterio de cancelación.

Se pueden tomar como criterio de cancelación del par polo-cero para que se verifiquen simultáneamente:

$$6|p_l - z_l| < |p_l|$$

y

$$6|p_l - z_l| < |p_l - p_d|$$

Si no se cumple la primera condición, el valor de A_l sería demasiado grande, por lo que el modo transitorio tendría un efecto dominante.

Considerando el resto de los modos transitorios $A_j e^{p_j t}$, esta cancelación no varía sus coeficientes, ya que el sistema reducido equivalente sería:

$$\tilde{G}(s) = K\frac{-z_l \prod_{i=1/i\neq1}^{m}(s-z_i)}{-p_l \prod_{i=1/i\neq1}^{n}(s-p_i)}$$

Con los nuevos coeficientes:

$$A_l = K\frac{\prod_{i=1}^{m}(p_j-z_i)}{p_j \prod_{i=1/i\neq j}^{n}(p_j-p_i)}$$

Se concluye que un par polo-cero con parte real positiva nunca podrá cancelarse, es un sistema inestable

Consideraciones:

En ocasiones no será posible reducir el sistema para uno de primer o segundo orden, dada la presencia de polos y ceros influyentes.

En estos casos el sistema se reducirá de todas formas, y se analizará el sistema reducido considerando el efecto que genera el cero o polo influyente, al menos de manera cualitativa.

Finalmente, hay que analizar el sistema en lazo abierto y lazo cerrado previo a realizar cualquier cancelación para evitar obtener respuestas indeseables cuando el sistema opere en lazo cerrado.

8.6. Retardo puro

Un término de retardo puro en lazo abierto es expresa como:

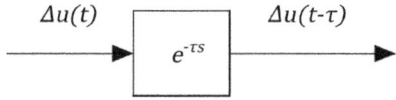

Figura 8.17: Diagrama de bloques para el retardo puro en lazo abierto.

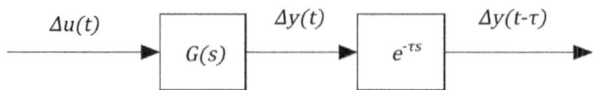

Figura 8.18: Diagrama de cadena abierta.

Y en lazo cerrado así:

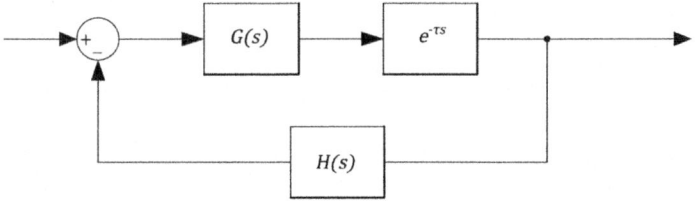

Figura 8.19: Diagrama de lazo cerrado

Donde:

$$M(s) = \frac{G(s)e^{-Ts}}{1 + G(s)H(s)e^{-Ts}}$$

Debemos aproximar el término de retardo por una función racional, de modo que en el dominio de Laplace hay que hacer un desarrollo en serie de Taylor de la forma:

$$e^{-Ts} = \frac{1}{e^{Ts}} = \frac{1}{1 + \tau s + \frac{(\tau s)^2}{2!} + \frac{(\tau s)^3}{3!} + \dots}$$

Donde, depende de que el desarrollo se trunque en orden uno o dos, vamos a obtener:

$$e^{-Ts} = \frac{1}{1 + \tau s}$$

O bien:

$$e^{-Ts} = \frac{1}{1 + \tau s + \frac{\tau^2}{2}s^2}$$

8.7. Ejercicios con MatLab

Ejercicio 8.1 Dado el sistema siguiente, analizar si es posible reducir el sistema.

$$G(s) = \frac{2s + 30}{(s + 15)(s + 0.01)(s^2 + 4s + 17)}$$

Solución:

```
roots([1 1 17])
ans =
-2.0000 + 3.6056i
-2.0000 - 3.6056i

G=zpk([-15],[-15 -0.01 -2+3.6i -2-3.6i],2)
step(G)
```

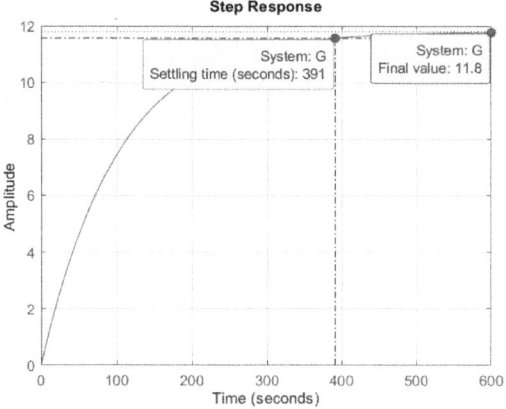

Figura 8.20: Curva de respuesta ante el paso.

De la distribución de polos y ceros del sistema se concluye que el polo do-minante es: $s = -0.01$, por tanto todos los polos y ceros que se encuentren a una distancia mayor a -0.06 serán no influyentes. A continuación se eliminarán todos los polos y ceros no influyentes.

Para conservar la ganacia estática únicamente se dbee eliminar el término s de los polos y ceros no influyentes en la función de transferencia.

$$G(s) = \frac{2(15)}{(15)(s + 0.01)(17)}$$

$$G(s) = \frac{30}{(255)(s + 0.01)}$$

$$G(s) = \frac{1}{(8.5)(s + 0.01)}$$

```
G2=tf([1],[8.5 0.085])
figure
step(G,G2)
```

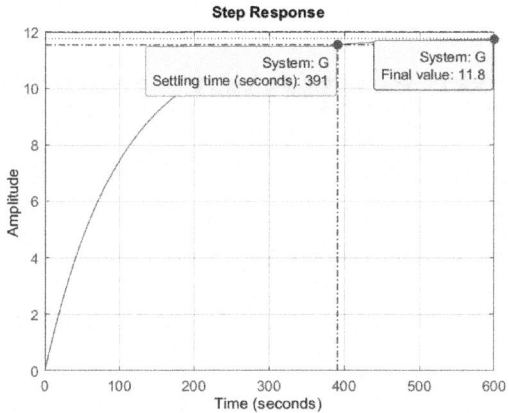

Figura 8.21: Curva con eliminación en -0.1.

Se obtiene una exponencial pura, que refleja la dinámica del sistema inicial, es decir se ha reducido efectivamente el sistema a otro mas sencillo de analizar.

Capítulo 9

Errores en régimen permanente

9.1. Definiciones de error

En un sistema en bucle abierto, el análisis estático se realiza con el teorema del valor final.

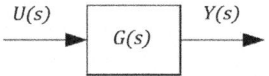

Figura 9.1: Sistema en lazo abierto.

Por ejemplo, ante una entrada paso (escalón unitario):

$$y_0(\infty) \doteq \lim_{s \to 0} sG(s)\frac{1}{s} = \lim_{s \to 0} G(s)$$

Donde el símbolo $\doteq$ significa que la igualdad solo es válida si el sistema es estable.

En un sistema en lazo cerrado se podría hacer lo mismo:

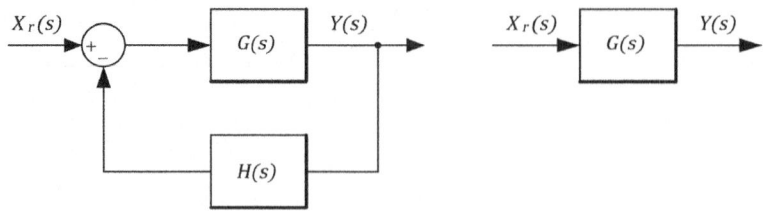

Figura 9.2: Sistema en lazo cerrado.

174

$$y_0(\infty) \doteq \lim_{s \to 0} M(s) = \lim_{s \to 0} \frac{G(s)}{1 + G(s)H(s)}$$

Sin embargo, lo que interesa es que la salida del sistema realimentado siga a la entrada en régimen permanente, es decir, que el error entre ambas señales se anule cuando $t \longrightarrow \infty$.

Cabe recalcar que todo el análisis en régimen permanente no tiene sentido si el sistema realimentado no es estable, y de darse el caso no se alcanza el régimen permanente.

Definición

Se define el tipo de un sistema en bucle abierto, como el número de polos en el origen que este tiene.

El tipo de un sistema se expresa de la forma:

$$G(s) = \frac{\prod_{i=1}^{m}(s - z_i)}{s^r \prod_{i=1}^{n-r}(s - p_i)}$$

El valor de r define el tipo del sistema, con $r > 0$. Más adelante se observará que el tipo de un sistema influye de manera decisiva en la precisión resultante al realimentarlo.

Ejemplo

Dados los sistemas

$$G_1(s) = \frac{s + 5}{s^2(s + 1)}$$

$$G_2(s) = \frac{s(s + 4)}{(s + 1)(s + 5)}$$

El primero de ellos es de tipo 2 y orden 3, mientras que el segundo es de tipo 0 y orden 2.

Sea a continuación un sistema en bucle cerrado, ver figura 9.3:

Definición

Se denomina señal de error a la señal de salida del comparador $\epsilon(t) = r(t) - y(t)$. Donde $r(t)$ es la referencia o set point y $y(t)$ es la variable controlada o salida del sistema. En términos generales el error es la diferencia existente entre el valor que deseamos de una variable y el valor real de la misma.

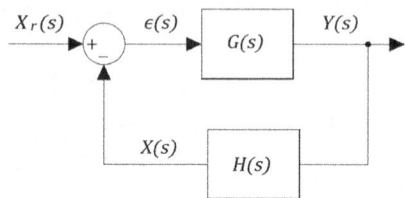

Figura 9.3: Sistema en bucle cerrado.

$H(s)$ representa la función de transferencia del sensor o transductor del sistema. En este punto se debe cuidar de que la salida de $H(s)$ debe tener las mismas unidades que el set point o referencia para que puedan ser operadas.

En general, si el sensor está acondicionado de manera que su salida sea idéntica a su entrada (algo fácil de lograr en un mundo digital), se entiende que $H(s) = 1$, esto se conoce como realimentación unitaria y es lo más común en los sistemas de control implementados hoy en día. La variable $\epsilon(s)$ resulta ser una señal con las mismas unidades que el set point y que la salida del sensor, y se convierte en la nueva entrada del sistema $G(s)$, por lo que es fácil deducir que si el error es nulo, el sistema no tendrá excitación alguna.

Una particularidad importante a tomar en consideración es que: para que $H(s)$ tenga las mismas unidades que la referencia, esta no puede tener polos en el origen. Esto no es un inconveniente, ya que no es habitual que un sensor tenga polos en el origen, es decir, $H(s)$ normalmente será de tipo cero.

Ejemplo

Suponga que se desea obtener el error del siguiente sistema:

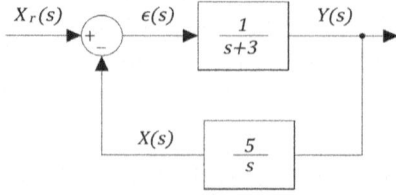

Figura 9.4: Ejemplo error E/S.

En el ejemplo no tiene sentido calcular el error que existe entre $R(s)$ y $Y(s)$ en unidades de $R(s)$, ya que tiene unidades de la integral de $Y(s)$, y no tiene sentido comparar una variable con su integral.

Se conoce que la variable que se desea controlar es la salida del bucle, por lo que si, por ejemplo, $R(s)$ es una referencia de posición y $Y(s)$ es una velocidad, el diagrama anterior debería modificarse de tal forma que la salida fuera $\int y(t)dt$ en lugar de $y(t)$, tal y como se refleja a continuación:

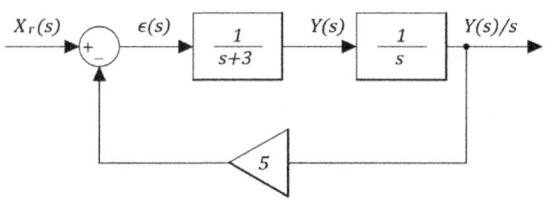

Figura 9.5: Diagrama error E/S modificado.

Con el diagrama modificado, este cobraría sentido. Ahora el error es $e(t) = r(t) - h(t) \int y(t)dt$.

9.2. Errores con realimentación

9.2.1. Cálculo de error con realimentación constante

En el diagrama propuesto, se tiene una realimentación constante h, el error y se determina entonces como: $e(t) = r(t) - H(0)y(t) = r(t) - hy(t)$. El cálculo del error se lo resuelve aplicando la transformada de Laplace a la ecuación que lo define.

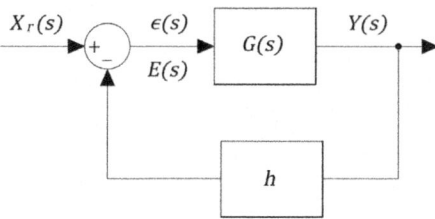

Figura 9.6: Sistema con Realimentación constante.

$$E(s) = X_r(s) - hY(s) - hY(s) = X_r(s) - h\frac{G(s)}{1 + hG(s)}X_r(s) = \frac{1}{1 + hG(s)}X_r(s)$$

Por tanto, es función de la entrada $r(t)$. Normalmente se calculan los errores ante tres tipos de entrada: escalón unitario (paso), rampa y parábola. Se procura un correcto diseño de los sistemas realimentados ante estas señales de entrada básicas porque permite que estos puedan actuar como servos de posición, velocidad y aceleración, respectivamente.

9.2.2. Error de posición

Ante una entrada de escalón unitario, $R(s) = 1/s$:

$$\lim_{t\to\infty} e(t) \doteq \lim_{s\to 0} sE(s) = \lim_{s\to\infty} s\frac{1}{1 + hG(s)}\frac{1}{s} = \frac{1}{1 + h\lim_{s\to 0} G(s)}$$

Definición

Cuando la entrada es un escalón unitario, se le llama error de posición E_p al error en régimen permanente. Se calcula como $E_p = 1/(1 + k_e)$, donde a $K_e = h\lim_{s\to 0} G(s)$ se le llama constante de posición.

Tener en cuenta que E_p y k_p depende del tipo de sistema $G(s)$ según la tabla que se muestra a continuación:

Tabla 9.1: Valores de k_p y e_p.

Tipo	K_e	E_p
0	$h\lim_{s\to 0} G(s)$	$\frac{1}{1+k_e}$
1	∞	0
2	∞	0

Un servo sistema de posición se consigue con sistemas de tipo 1 o superior.

9.2.3. Error de velocidad

Si la entrada es una rampa unitaria, $R(s) = 1/s^2$:

$$\lim_{t \to \infty} e(t) \doteq \lim_{s \to 0} sE(s) = \lim_{s \to 0} s\frac{1}{1 + hG(s)} \cdot \frac{1}{s^2} = \frac{1}{h \lim_{s \to 0} sG(s)}$$

Definición

Cuando la entrada es una rampa unitaria, se le llama error de velocidad E_v al error en régimen permanente. Se calcula como $E_v = \frac{1}{k_v}$, donde a $k_v = h \lim_{s \to 0} sG(s)$ se le llama constante de velocidad.

Así entonces E_v y k_v también depende del tipo de sistema $G(s)$:

Tabla 9.2: Valores de E_v y k_v para $G(s)$ en constante de velocidad.

Tipo	k_v	E_v
0	0	∞
1	$h \lim_{s \to 0} sG(s)$	$\frac{1}{k_v}$
2	∞	0

Un servo sistema de velocidad se consigue con sistemas de tipo 2 o superior.

9.2.4. Error de aceleración

Si la entrada es una parábola unitaria, $X_r(s) = \frac{1}{s^3}$:

$$\lim_{t \to \infty} e(t) \doteq \lim_{s \to 0} sE(s) = \lim_{s \to 0} s\frac{1}{1 + hG(s)} \frac{1}{s^3} = \frac{1}{h \lim_{s \to 0} s^2G(s)}$$

Definición

Cuando la entrada es una parábola unitaria, se le llama error de aceleración E_a al error en régimen permanente. Se calcula como $E_a = 1/k_a$, donde a $k_a = h \lim_{s \to 0} s^2G(s)$ se llama constante de aceleración.

Así entonces E_a y k_a también depende del tipo de sistema G(s):

179

Tabla 9.3: Valores de e_a y k_a para $G(s)$ en constante de aceleración.

Tipo	k_v	E_v
0	0	∞
1	0	∞
2	$h \lim_{s \to 0} s^2 G(s)$	$\frac{1}{k_a}$

Un servo sistema de aceleración se crea con sistemas de tipo 3 o superior.

En resumen, las tres tablas pueden agruparse en una sola:

Tabla 9.4: Tabla resumen de E_p, E_v y E_a.

Tipo	E_p	E_v	E_a
0	$\frac{1}{1+k_p}$	∞	∞
1	0	$\frac{1}{k_v}$	∞
2	0	0	$\frac{1}{k_a}$

Ejemplo

Calcular los errores de posición, velocidad y aceleración del siguiente sistema:

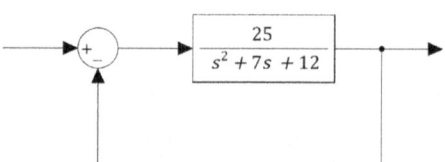

Figura 9.7: Ejercicio de cálculo de errores.

Antes de nada, se comprueba que el sistema realimentado es estable:

$$p(s) = (s+3)(s+4) + 25 = s^2 + 7s + 37$$

El sistema es estable, por lo tanto ahora tiene sentido hablar de régimen permanente. Los errores se obtienen como:

$$k_p = h \lim_{s \to 0} G(s) = \frac{25}{12} \longrightarrow e_p = \frac{1}{1 + k_p} = \frac{12}{37} = 0.32432 = 32.432\,\%$$

$$k_v = h \lim_{s \to 0} sG(s) = 0 \longrightarrow e_v = \frac{1}{k_v} = \infty$$

$$k_a = h \lim_{s \to 0} s^2 G(s) = 0 \longrightarrow e_a = \frac{1}{k_a} = \infty$$

La interpretación que tiene el error de posición es la siguiente. Se tiene que:

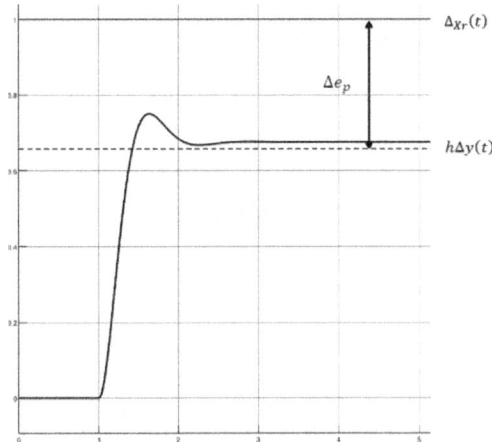

Figura 9.8: Gráfica de ejercicio planteado.

$$h \lim_{t \to \infty} y(t) = \lim_{t \to \infty} r(t) - E_p = 1 - 0.32432 = 0.65768$$

Si, ante una entrada paso (escalón unitario), el error es de 0.65768, ante una entrada de 2 unidades será del doble. Por lo tanto, el error de posición se puede expresar en porcentaje por unidad, en nuestro caso 65.768 %.

9.2.5. Error con realimentación no constante

En general, comúnmente la dinámica de $H(s)$ es despreciable frente a la de $G(s)$ y, por tanto, la función de transferencia del captador se pueda aproximar por una constante $H(0)$. Sin embargo, cuando esto no es así, se realiza la siguiente transformación mencionada anteriormente.

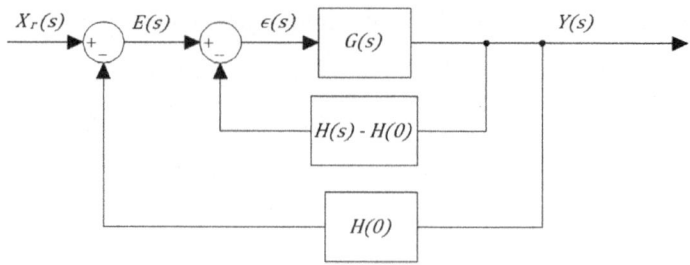

Figura 9.9: Transformación diagrama bucle cerrado.

En este caso, error y señal de error son diferentes durante el estado transitorio, ya que:

$$E(s) = R(s) - H(0)Y(s)$$

$$\epsilon(s) = R(s) - H(s)Y(s)$$

Y también difiere en régimen permanente. Para el cálculo de $E(s)$, llamamos $G^*(s)$ a la realimentación interna. Se obtiene un sistema con realimentación constante, en el que se aplican ya las fórmulas conocidas.

$$G(s) = \frac{G(s)}{1 + G(s)H(s) - H(0)}$$

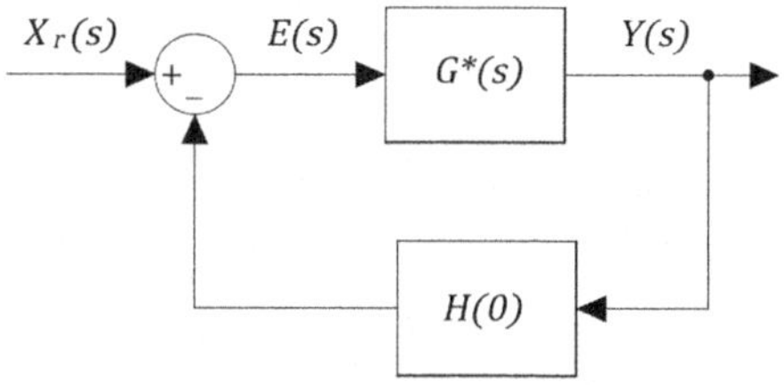

Figura 9.10: Obtención de un sistema con realimentación constante.

Fórmulas para realimentación constante:

$$k_p = H(0)\lim_{s\to 0} G^*(s), \qquad E_p = \frac{1}{1 + k_p}$$

$$k_v = H(0)\lim_{s\to 0} sG^*(s), \qquad E_v = \frac{1}{k_v}$$

$$k_a = H(0)\lim_{s\to 0} s^2 G^*(s), \qquad E_a = \frac{1}{k_a}$$

Ejemplo

Para el siguiente sistema realimentado de la figura:

$$Y(s) = \frac{\frac{2}{s}}{1 + \frac{1}{s(s+3)}} R(s) = \frac{\frac{2}{s}}{\frac{s^2+3s+1}{s(s+3)}} R(s) = \frac{2(s+3)}{s^2+3s+1} R(s)$$

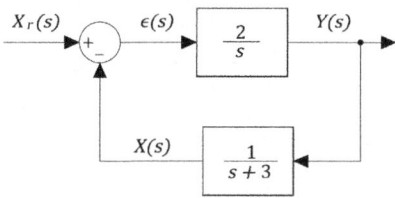

Figura 9.11: Ejercicio sistema realimentado no constante.

Se puede observar que el sistema es estable. Para obtener el error:

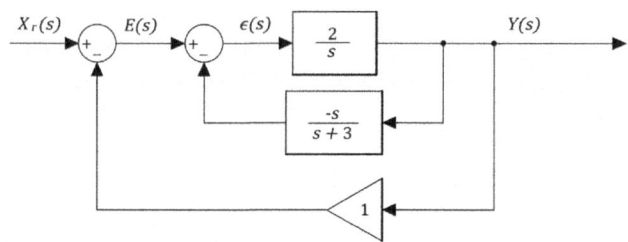

Figura 9.12: Transformación ejercicio realimentado no constante.

Donde:

$$H(s) - H(0) = \frac{-s}{s+3}$$

$$G^*(s) = \frac{\frac{2}{s}}{1 + \frac{2}{s} \cdot \frac{-s}{s+3}} = \frac{2(s+3)}{s(s+1)}$$

Y, por tanto:

$$k_p = 1 \lim_{s \to 0} \frac{2(s+3)}{s(s+1)} = \infty, \qquad E_p = \frac{1}{\infty} = 0$$

$$k_v = 1 \lim_{s \to 0} \frac{2(s+3)}{(s+1)} = 6, \qquad E_v = \frac{1}{6} = 0.16667 \quad segundos$$

$$k_a = 1 \lim_{s \to 0} s \frac{2(s+3)}{(s+1)} = 0, \qquad E_a = \frac{1}{0} = \infty$$

9.3. Errores ante perturbaciones

Para la precisión de los sistemas realimentados, interesa que la salida siga a la entrada, no con variaciones en la entrada, sino también ante perturbaciones. Un impulso es una perturbación muy común o una combinación de escalones de pequeña magnitud. El diagrama de bloques con perturbación es el siguiente:

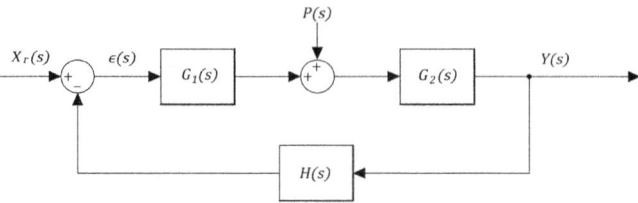

Figura 9.13: Sistema realimentado con perturbación en la entrada.

Para el análisis de la influencia de la perturbación en el error, se aplica el principio de superposición, haciendo nula la entrada de referencia. Desde el punto de vista la estabilidad, el sistema es el mismo para las dos posibles funciones de transferencia, por lo que, si ya se ha comprobado que es estable ante entrada en la referencia, ya no es necesario volver a comprobarlo para el caso en el que la entrada sea la perturbación:

$$\frac{Y(s)}{R(s)} = \frac{G_1(s)G_2(s)}{1 + G_1(s)G_2(s)H(s)}$$

$$\frac{Y(s)}{P(s)} = \frac{G_2(s)}{1 + G_1(s)G_2(s)H(s)}$$

Cuando $R = 0$:

$$\lim_{t \to \infty} e(t) = \lim_{s \to 0} sE(s) = \lim_{s \to 0} s[R(s) - H(0)Y(s)] = -\lim_{s \to 0} sH(0)Y(0)$$

$$= \lim_{s \to 0} s\frac{-H(0)G_2(s)}{1 + G_1(s)G_2(s)H(s)}P(s)$$

Lo que interesa es el estudio de la desviación de la variable de salida $y(t)$ respecto la referencia $r(t)$ en régimen permanente:

Definición

Cuando la entrada es una perturbación y la referencia es nula, el error en régimen permanente se denomina error de seguimiento, E_s.

Si $P(s) = \frac{1}{s}$

$$E_s = \lim_{s \to 0} \frac{-H(0)G_2(s)}{1 + G_1(s)G_2(s)H(s)}$$

Es decir, influye solo el tipo de $G_1(s)$. Afectan también los ceros en el origen de $G_2(s)$, aunque la presencia de los mencionados es muy improbable.

Si $G_1(s)$ es de tipo cero, se tiene un error de seguimiento finito, como el representado a continuación:

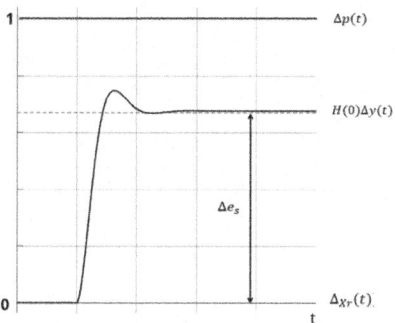

Figura 9.14: Error de seguimiento en un sistema.

Si se desea que el sistema se comporte como un servo de posición, el polo en el origen deberá estar en $G_1(s)$ y no en $G_2(s)$.

Si $P(s) = \frac{1}{s^2}$

$$e_s = \lim_{s \to 0} \frac{-H(0)G_2(s)}{1 + G_1(s)G_2(s)H(s)} \cdot \frac{1}{s} = \lim_{s \to 0} \frac{-1}{sG_1(s)}$$

Es decir, de nuevo influye solo el tipo de $G_1(s)$. En resumen, la dependencia con el tipo de $G_1(s)$ se ve reflejada a continuación:

Tabla 9.5: Dependencia con el tipo de $G_1(s)$.

Tipo	$1/s$	$1/s^2$	$1/s^3$
0	Finito	∞	∞
1	0	Finito	∞
2	0	0	Finito

Ejemplo

Estudiar el comportamiento en régimen permanente del siguiente sistema ante una entrada en la perturbación:

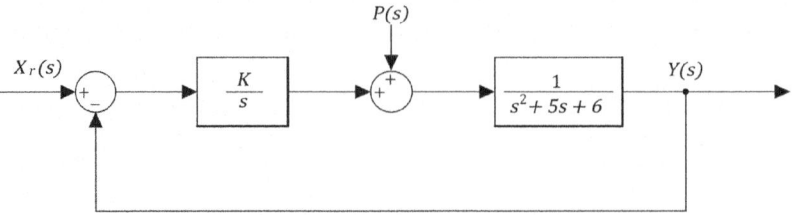

Figura 9.15: Ejercicio con entrada en la perturbación.

El sistema es estable dependiendo de los coeficientes del polinomio $p(s) = s^3 + 5s^2 + 6s + K$. Esto significa que $\forall 0 < K < 12$. Para los valores de K comprendidos en ese rango se hará el estudio del comportamiento en régimen permanente.

Puesto que $G_1(s)$ es de tipo 1, E_s será nulo ante una perturbación en escalón, finito ante perturbación en rampa, e ∞ ante perturbación de tipo parábola. Para calcular E_s, ante una entrada rampa, se reordena el diagrama de la siguiente forma:

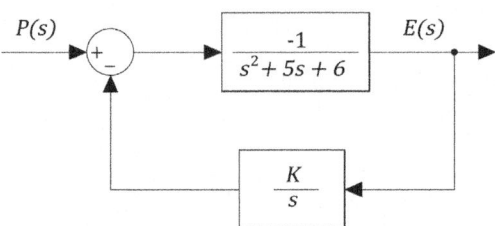

Figura 9.16: Ejercicio reordenado ante una entrada rampa.

Entonces:

$$E(s) = \frac{-s}{s(s^2 + 5s + 6) + K}P(s) = \frac{-s}{s(s + 2)(s + 3) + K}P(s)$$

$$e_s = \lim_{s \to 0} sE(s) = \lim_{s \to 0} s\frac{-s}{s(s + 2)(s + 3) + K} \cdot \frac{1}{s^2} = -\frac{1}{K}$$

Si se desease hacer los análisis centrados en la parte estática sin considerar la parte dinámica, interesaría coger un valor de K grande, sin exceder el rango establecido, es decir, $K = 12$.

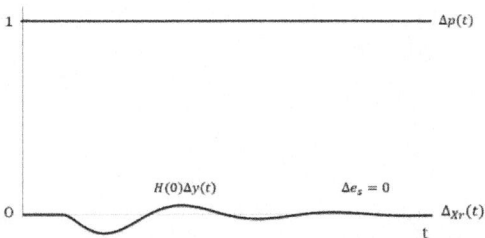

Figura 9.17: Gráfica del ejemplo ante una entrada de perturbación escalón.

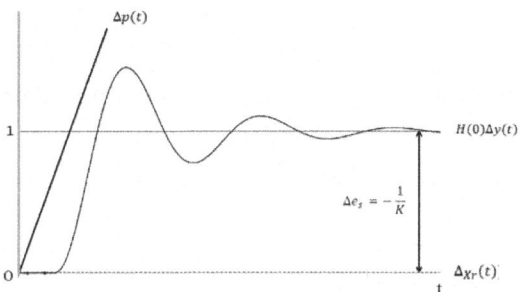

Figura 9.18: Gráfica de forma reordenada ante una entrada rampa.

Se puede observar en las dos gráficas que la evolución de la señal $y(t)$ coincide con la del error (cambiada de signo).

9.3.1. Ejercicios con MatLab

Ejercicio 9.1

El diagrama de la siguiente figura representa un sistema de control de posición. Se ha de obtener la evolución de la salida $y(t)$ cuando la entrada $r(t)$ sea un escalón unitario, una rampa y una parábola unitarias. En cada caso, hay que hallar el error correspondiente:

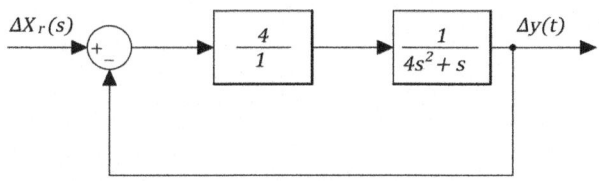

Figura 9.19: Ejercicio 9.1

Solución

Entrada escalón unitario:

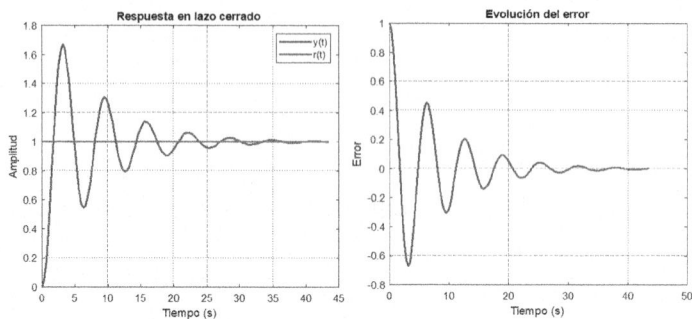

Figura 9.20: Solución ejercicio mediante señal de entrada, señal escalón unitario

Código en Matlab para la solución:

```
R=tf(4,1);% función R(s)
G=tf(1,[4 1 0]);% función G(s)
M=feedback(R*G,1)% sistema realimentado
» [y t]=step(M)% generación respuesta al escalón
x=linspace(1,1,139);% vector de unos, dimensión:
1x139
esc=x;% vector escalón, dimensión: 139x1
e=esc-y% error ep=e(139)% error de posición nulo
plot(t,esc,t,y)% representación escalón y salida
plot(t,e)% representación del error
```

Entrada rampa unitaria:

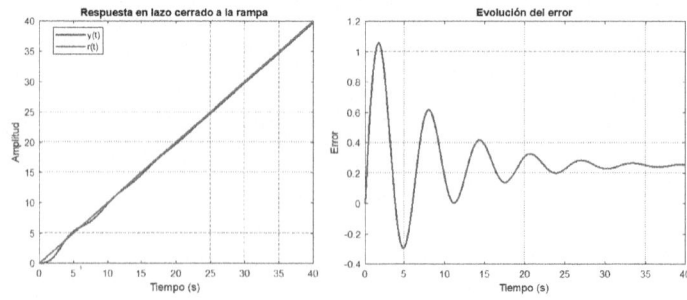

Figura 9.21: Solución ejercicio mediante señal de entrada, señal rampa unitaria.

Código en Matlab para la solución:

```
R=tf(4,1);% función R(s)
G=tf(1,[4 1 0]);% función G(s)
M=feedback(R*G,1)% sistema realimentado
ramp=t% vector rampa de dimensión 139x1
yr=lsim(M,ramp,t)% generación respuesta rampa
e=ramp-yr% error
ev=e(139)% error de velocidad finito
figure% nueva ventana
plot(t,ramp,t,yr)% representación rampa y salida
figure% nueva ventana
plot(t,e)% representación del error
```

Entrada parábola unitaria:

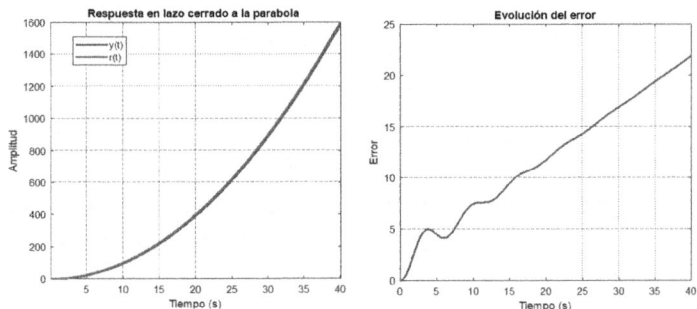

Figura 9.22: Solución ejercicio mediante señal de entrada, señal parábola unitaria

Código en Matlab para la solución:

```
R=tf(4,1);% función R(s)
G=tf(1,[4 1 0]);% función G(s)
M=feedback(R*G,1)% sistema realimentado
par=0.5*t.^2% vector parábola de dimensión 139x1
yp=lsim(M,par,t)% generación respuesta parábola
e=par-yp% error
ea=e(139)% error de aceleración infinito
```

```
figure % nueva ventana
plot(t,par,t,yp) % representación parábola y salida
figure % nueva ventana
plot(t,e) % representación del error
```

Ejercicio 9.2

Dado el siguiente sistema, determine el error en estado estable, de posición, velocidad y aceleración:

$$G(s) = \frac{4s + 2}{3s^2 + 5s + 7}$$

Solución

El sistema es de segundo orden y de tipo 0, por tanto los errores de velocidad y aceleración serán infinitos mientras que el error de posición será un valor calculable, todo esto se puede demostrar de la siguiente forma:

$$K_e = G(0) = \frac{2}{7} = 0.2857$$

$$E_p = \frac{1}{1 + K_e} * 100\% = \frac{1}{1 + 0.2857} * 100\% = 77.78\%$$

El error en estado estable como se ha mencionado indica el valor en que difiere el valor de salida real del sistema de la referencia o set point, esto se verifica en lazo cerrado como se puede ver:

Código en Matlab para la solución:

```
G = tf([4 2],[3 5 7]);
M = feedback(G,1);
1[y,t] = step(M,6); % set point r(t) = 1
plot(t,y,'LineWidth',1.5);
xlabel('Tiempo (s)');
ylabel('Salida y(t)');
title('Respuesta al paso en lazo cerrado');
axis([0 6 0 1.2])
grid on;
```

```
hold on;
r = t>=0;
plot(t,r,'LineWidth',1.5);
```

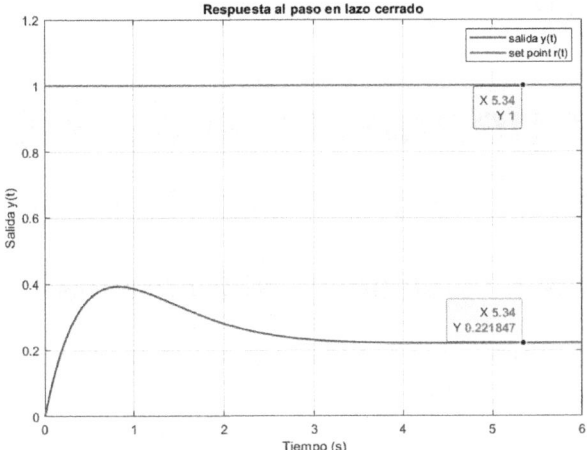

Figura 9.23: Salida del sistema en lazo cerrado comparado con el set point.

Por su parte los errores de velocidad y aceleración resultan:

$$K_v = sG(0) = 0 * \frac{2}{7} = 0$$

$$E_v = \frac{1}{K_v} * 100\,\% = \infty$$

$$K_a = s^2 * G(0) = 0 * \frac{2}{7} = 0$$

$$E_a = \frac{1}{K_a} * 100\,\% = \infty$$

Capítulo 10

El lugar geométrico de las raíces

10.1. Análisis de sistemas realimentados

El sistema realimentado de la figura 10.1 se debe puede reducir a un solo bloque para facilitar su análisis.

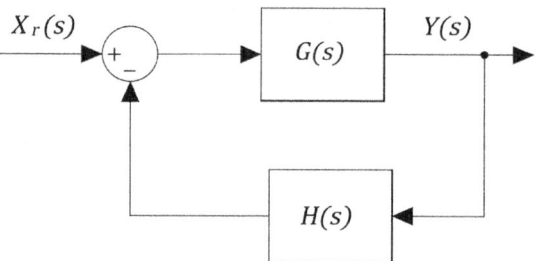

Figura 10.1: Sistema realimentado.

Obtenida la función de transferencia en lazo cerrado $M(s)$ se puede conocer la dinámica del sistema en lazo cerrado, que en ocasiones puede ser muy diferente a la dinámica analizada en lazo abierto.

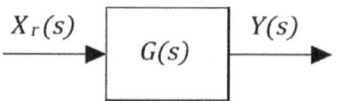

Figura 10.2: Sistema realimentado.

Pero en los sistemas de control, dispondremos de parámetros variables que podemos diseñar a nuestro antojo. El conjunto sistema que controlar - accionador (por ejemplo conjunto motor - polea) y el sensor (por ejemplo, un tacómetro) suelen ser elementos fijos y no tienen parámetros variables. Sin embargo, el sistema de control es un circuito electrónico que se puede ajustar, por ejemplo, mediante resistencias variables.

Ejemplo

Sea el sistema realimentado siguiente:

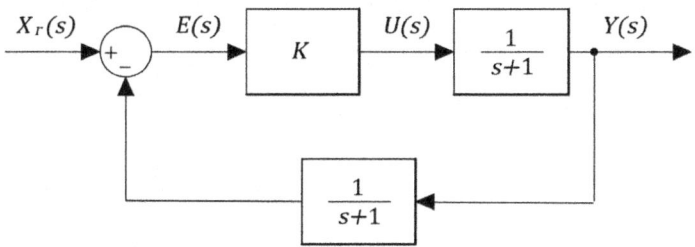

Figura 10.3: Ejemplo: Sistema realimentado.

$$M(s) = \frac{K\frac{1}{s+1}}{1 + K\frac{1}{s+1}\frac{1}{s+2}} = \frac{K(s+2)}{(s+1)(s+2) + K} = \frac{K(s+2)}{s^2 + 3s + (K+2)}$$

Las raíces del polinomio característico $p(s)$ son:

$$s = -1.5 \pm \sqrt{2.25 - (K+2)} = -1.5 \pm \sqrt{0.25 - K}$$

Para $K = 0$,

$$s = -1.5 \pm 0.5 = \begin{cases} -2 \\ -1 \end{cases}$$

Para $K = 0.25$,

$$s = -1.5 \text{ doble}$$

Para $0 < K < 0.25$,

$$\text{raíces reales}$$

Para $K > 0.25$,

$$s = -1.5 \pm j\sqrt{K - 0.25} \quad \text{complejas conjugadas}$$

La evolución de las raíces aparece reflejada en la figura con trazo continuo.

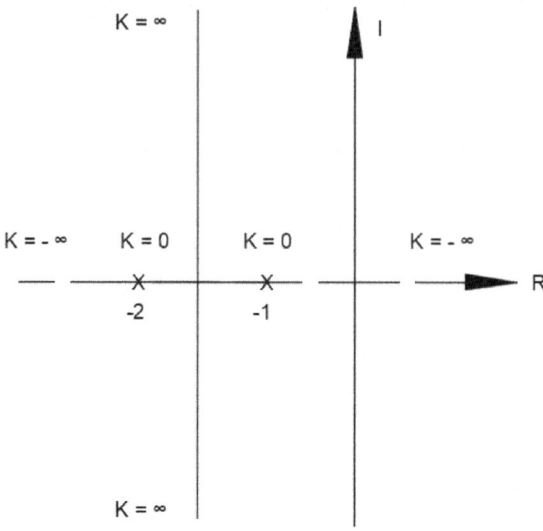

Figura 10.4: Ejemplo: Raíces en el plano complejo.

Se puede observar que, en el ejemplo seguido, el trazado tiene dos ramas, y un punto de dispersión sobre el eje real. Cada rama comienza, en este caso, en $K = 0$ y termina en $K = \infty$.

Para $K < 0$,

$$s = -1.5 \pm \sqrt{0.25 - K} \quad \text{raíces reales}$$

En la figura anterior aparece reflejado en trazo discontinuo el caso $K < 0$. Por ejemplo, para $K = -2$,

$$s = -1.5 \pm \sqrt{2.25} = \begin{cases} 0 \\ -3 \end{cases}$$

Definición

Al lugar geométrico de las raíces de $p(s)$ al variar K se le llama **Lugar de las raíces**.

Al lugar geométrico cuando $K > 0$ se le denomina **lugar directo**. Al lugar geométrico cuando $K < 0$ se le denomina **lugar inverso**.

Ejemplo

Siguiendo con el sistema realimentado anterior,

$$\begin{cases} K \leq -2; & inestable \\ \\ -2 < K < 0.25; & sobreamortiguado \\ \\ K = 0.25; & crticamente - amortiguado \\ \\ K > 0.25; & subamortiguado \end{cases}$$

No debe olvidarse nunca que, además de los dos polos, $M(s)$ tiene un cero en $s = -2$ que también influirá en su dinámica, si bien esto no hace variar el análisis cualitativo realizado.

Por tanto, mientras el análisis en régimen permanente de un sistema realimentado se lleva a cabo estudiando los errores, el análisis en régimen dinámico se hace mediante el lugar de las raíces.

10.2. Ecuaciones básicas del lugar de las raíces

La función de transferencia del sistema realimentado está dada por:

$$M(s) = \frac{G(s)}{1 + G(s)H(s)}$$

Si se toman

$$G(s) = \frac{n_g(s)}{d_g(s)} \quad y \quad H(s) = \frac{n_h(s)}{d_h(s)}$$

es decir,

$$G(s)H(s) = \frac{n_g(s)n_h(s)}{d_g(s)d_h(s)} = K\frac{nm}{den} = \frac{\prod_{i=1}^{m}(s - z_i)}{\prod_{i=1}^{n}(s - p_i)}$$

entonces

$$M(s) = \frac{\frac{n_g(s)}{d_g(s)}}{1 + \frac{n_g(sn_h(s))}{d_g(s)d_h(s)}} = \frac{n_g(s)d_h(s)}{d_g(s)d_h(s) + n_g(s)n_h(s)}$$

Por tanto, el sistema realimentado tiene como ceros los de G(s) y los polos de H(s) y como polos las raíces del polinomio característico.

$$p(s) = \prod_{i=1}^{n}(s - p_i) + K \prod_{i=1}^{m}(s - z_i)$$

El conjunto de valores de s que son raíces de $p(s)$ forman el lugar de las raíces. Como s, en general, complejo, $(s - z_i)$ y $(s - p_i)$ son también complejos que verifican $p(s) = 0$, y por lo tanto, cualquier punto s del lugar de las raíces cumple que

$$-K = \frac{\prod_{i=1}^{n}(s - p_i)}{\prod_{i=1}^{m}(s - z_i)}$$

Al parámetro K se le denomina **factor de ganancia**.

Tomando módulos:

$$|K| = \frac{\prod_{i=1}^{n}(s - p_i)}{\prod_{i=1}^{m}(s - z_i)}$$

Dado que cada valor $|s - p_i|$ o $|s - z_i|$ es la distancia del punto del plano complejo s al polo p_i o al cero z_i, respectivamente,

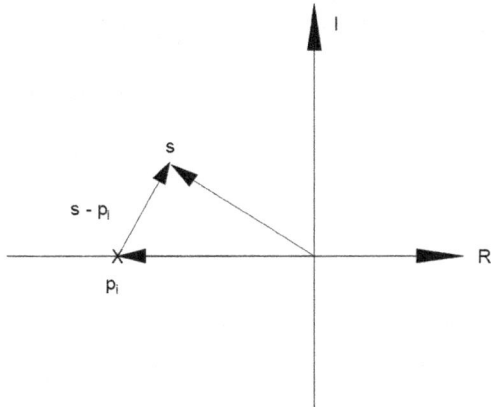

Figura 10.5: Ejemplo

se tiene que: $|K| =$ producto de distancias a todos los polos / producto de distancias a todos los ceros. A esta expresión se le denomina **criterio del módulo**:

$$|K| = \frac{\prod_{i=1}^{n}(d_{p_i})}{\prod_{i=1}^{m}(d_{z_i})}$$

Ejemplo

En el lugar de las raíces dibujado anteriormente, cualquier punto del mismo verifica el criterio del módulo. Por ejemplo, para el punto $s = -1.5$, se cumple que

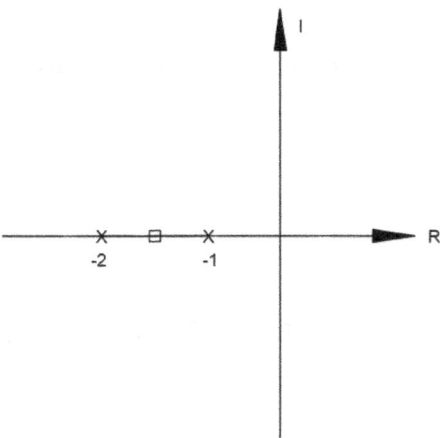

Figura 10.6: Ejemplo.

$$|K| = \frac{d_{-1}d_{-2}}{1} = 0.5^2 = 0.25$$

Es decir, este criterio permite obtener el valor de K, en valor absoluto, correspondiente a cualquier punto del lugar de las raíces. Nótese que este valor de $K = 0.25$ ya se vio que efectivamente correspondía al punto de dispersión.

Tomando argumentos

$$\angle - K = \sum_{i=1}^{n} \angle s - p_i - \sum_{i=1}^{m} \angle s - z_i$$

Dado que cada valor $\angle s - p_i$ o $s - z_i$ es el ángulo que forma el punto del plano complejo s con el polo p_i o con el cero z_i respectivamente, se tiene que $\angle - K \equiv$ suma de ángulos con todos los polos - suma de ángulos con todos los ceros.

A esta expresión se le denomina **criterio del argumento:**

$$\angle - K = \sum_{i=1}^{n} \theta_{p_i} - \sum_{i=1}^{m} \theta_{z_i}$$

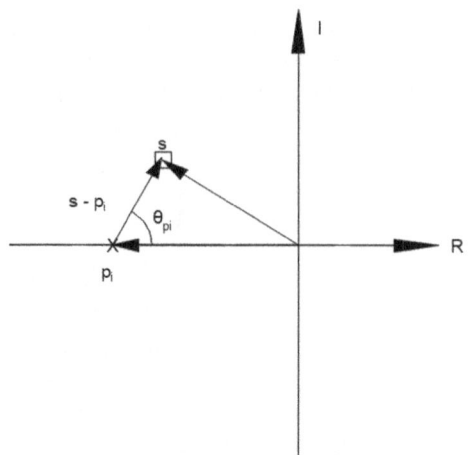

Figura 10.7: Ejemplo.

$$si \quad K > 0: \qquad \sum_{i=1}^{n} \theta_{p_i} - \sum_{i=1}^{m} \theta_{z_i} = (2q+1)\pi$$

$$si \quad K < 0: \qquad \sum_{i=1}^{n} \theta_{p_i} - \sum_{i=1}^{m} \theta_{z_i} = 2q\pi$$

$$\forall q \in 0, 1, 2, ...$$

Ejemplo

Continuando con el mismo ejemplo, se puede comprobar que todos los puntos de la vertical con parte real -1.5 pertenecen al lugar de las raíces:

se cumple que

$$\theta_{-1} + \theta_{-2} = \alpha + (\pi - \alpha) = \pi$$

Es decir, este criterio permite no solo saber si un punto del plano complejo pertenece al lugar de las raíces, sino saber si además pertenece al directo (π) o al inverso (0).

Debe tenerse precaución con el hecho de que el parámetro K del lugar de las raíces es el producto de todos los parámetros K de cada uno de los subsistemas que componen el sistema en cadena abierta.

Ejemplo

En el sistema el criterio del módulo se aplica de la siguiente forma:

$$|5K_R| = \frac{d_{-1}d_{-3}}{1}$$

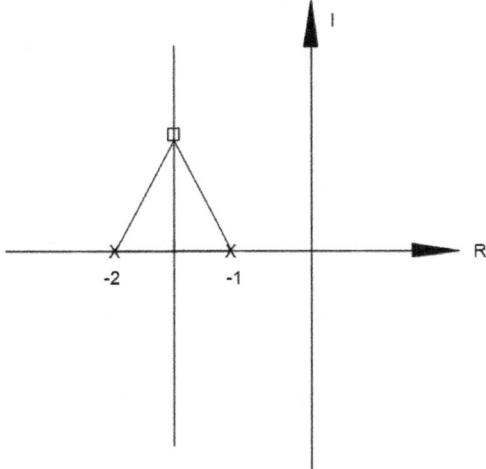

Figura 10.8: Ejemplo.

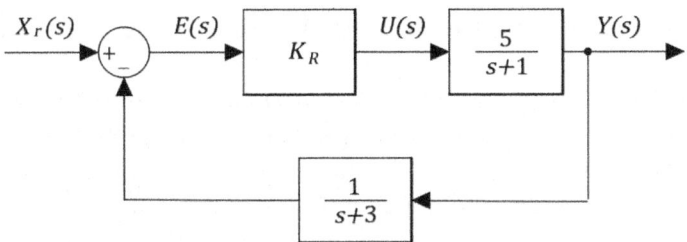

Figura 10.9: Ejemplo.

Por ejemplo, para el punto $s = -2 \pm j$, que pertenece al lugar directo, ya que verifica el criterio del argumento, se tiene que

$$5K_R = \frac{\sqrt{2}\sqrt{2}}{1} = 2$$

por lo que $K_R = 0.4$.

Observe también que los ceros en cadena abierta siguen siendo ceros en cadena cerrada, y que los polos de $H(s)$ también pasan a ser ceros en cadena cerrada:

$$M(s) = \frac{5K_R(s+3)}{(s+1)(s+3) + 5K_R}$$

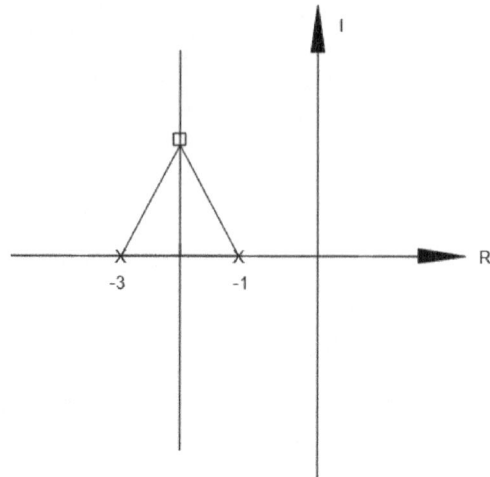

Figura 10.10: Ejemplo.

10.3. Reglas para el trazado del lugar de las raíces

Ir dando valores a K para obtener los puntos que forman el lugar de las raíces no es una práctica recomendada, especialmente en sistemas de orden superior a dos. Afortunadamente, para el trazado del lugar existen una serie de reglas que facilitan enormemente su obtención. Estas reglas son diez y se presentan a continuación.

Ejemplo

Se desea trazar el lugar de las raíces del sistema

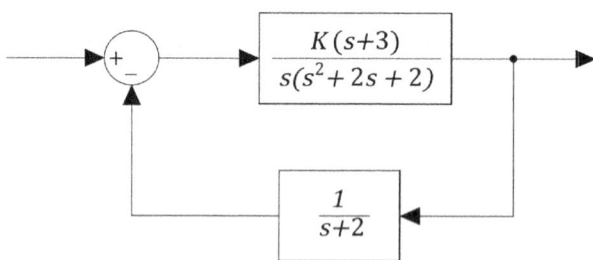

Figura 10.11: Ejemplo.

En primer lugar, se marca sobre el plano complejo la situación de los polos y los ceros en cadena abierta.

En este caso, se tiene polos en $s = 0$, $s = -2$, y $s = -1 \pm j$ y un cero en $s = -3$.

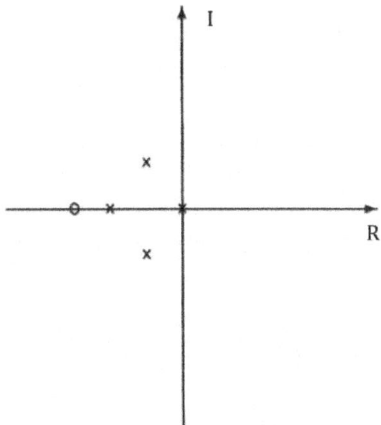

Figura 10.12: Ejemplo.

Regla 1: Número de ramas

El número de ramas es el máximo entre el número de polos y el número de ceros en cadena abierta.

$$ramas = max\{n, m\}$$

La demostración es la siguiente.

Se buscan las raíces de:

$$1 + K\frac{\prod_{i=1}^{m}(s - z_i)}{\prod_{i=1}^{n}(s - p_i)} = 0$$

es decir, del polinomio:

$$p(s) = \prod_{i=1}^{n}(s - p_i) + K\prod_{i=1}^{m}(s - z_i) = 0$$

El orden de $p(s)$ es claramente el mayor entre n y m.

Ejemplo

En el sistema anterior, se tiene que $n = 4$ y $m = 1$. Por tanto, existen 4 raíces en cadena cerrada, es decir, existen 4 ramas.

Regla 2: Puntos de comienzo y final de ramas

Cada rama comienza en un polo ($K = 0$) y termina en un cero ($K = \pm\infty$). Si no hay polos o ceros suficientes, los que faltan, $|n - m|$, se sitúan en el infinito.

201

La demostración es como sigue.

Se desean dibujar las raíces de:

$$p(s) = \prod_{i=1}^{n}(s - p_i) + K \prod_{i=1}^{m}(s - z_i) = 0$$

y se tiene que, para $K = 0$, éstas son los polos en cadena abierta. Si ahora se expresa $p(s)$ de la forma

$$\widehat{p}(s) = \frac{1}{K} \prod_{i=1}^{n}(s - p_i) + \prod_{i=1}^{m}(s - z_i) = 0$$

cuando $K = \pm\infty$, sus raíces son los ceros en cadena abierta.

Ejemplo

En nuestro ejemplo, para $K = 0$, las ramas comienzan en $s = 0$, $s = -2$ y $s = -1 \pm j$. Para $K = \pm\infty$, una rama termina en $s = -3$ y el resto se va al infinito.

Regla 3: Comportamiento sobre el eje real:

Los puntos situados sobre el eje real pertenecen al lugar directo, si el número de polos y ceros situados en su derecha es impar. Pertenecen al lugar inverso, si es par.

La demostración se basa en aplicar el criterio del argumento a los puntos del eje real. Veamos que cualquier punto del eje real pertenece al lugar de las raíces, ya que el criterio del argumento siempre suma π o 0.

$$si \quad K > 0: \quad \sum_{i=1}^{n} \theta^{p_i} - \sum_{i=1}^{m} \theta_{z_i} = (2q + 1)\pi$$

$$si \quad K < 0: \quad \sum_{i=1}^{n} \theta^{p_i} - \sum_{i=1}^{m} \theta_{z_i} = 2q\pi$$

Ejemplo

Siguiendo con el ejemplo, ya pueden marcarse sobre el eje real los tramos que pertenecen al lugar directo y al inverso. Comenzando por la derecha, uno sí y uno no, pertenecen a los lugares inverso y directo, respectivamente.

Regla 4: Simetría

El lugar de las raíces es simétrico respecto al eje real.

Esto es lógico, puesto que, si existen raíces complejas, siempre serán conjugadas.

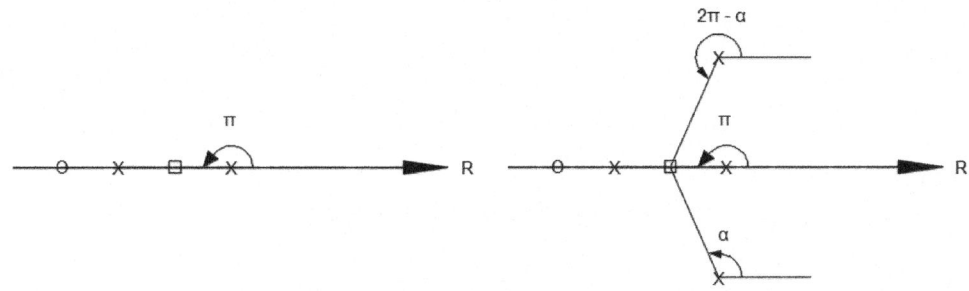

Figura 10.13: Ejemplo.

Ejemplo

En el ejemplo de nuestro caso, efectuaremos los cálculos solo para la parte superior.

Regla 5: Asíntotas

Las ramas que terminan en el infinito son asintóticas a rectas que forman un ángulo con el eje real dado por

$$\theta_a = \frac{(2q+1)\pi}{n-m}, \quad si \ K > 0$$

$$\theta_a = \frac{2q\pi}{n-m}, \quad si \ K < 0$$

con $q \in 0, 1, 2, ...$, donde $n - m$ es el número de asíntotas.

La demostración se basa en aplicar el criterio del argumento en un punto del lugar que corresponda a K grande.

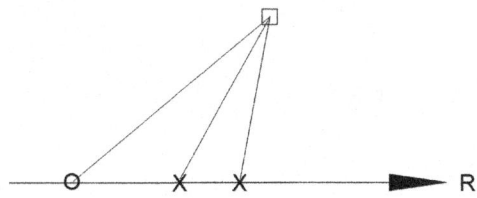

Figura 10.14: Ejemplo.

Por ejemplo, para $K > 0$,

$$\sum_{i=1}^{n} \theta_{p_i} - \sum_{i=1}^{m} \theta_{z_i} = (2q+1)\pi$$

Cuando $K \to \infty$, $\theta_{p_i} = \theta_{z_i} = \theta_a$, $\forall i$.
Es decir,

$$n\theta_a - m\theta_a = (2q+1)\pi$$

Ejemplo

En el ejemplo que se está siguiendo, se tiene que

$$\theta_a = \frac{(2q+1)\pi}{4-1} = \frac{\pi}{3}, \pi, -\frac{\pi}{3} \quad si K > 0$$

$$\theta_a = \frac{2q\pi}{4-1} = 0, \frac{2\pi}{3}, -\frac{2\pi}{3} \quad si K < 0$$

Regla 6: Centroide La intersección de las asíntotas (centroide) se produce en el punto del eje real dado por:

$$\sigma_a = \frac{\sum_{i=1}^{n} p_i - \sum_{i=1}^{m} z_i}{n - m}$$

La demostración se basa en la teoría de polinomios.

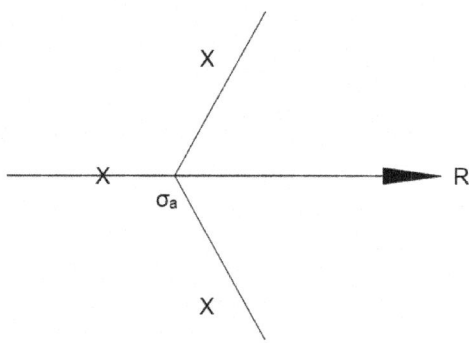

Figura 10.15: Ejemplo.

Ejemplo En el ejemplo

$$\sigma_a = \frac{(0 - 2 - 1 + j - 1 - j) - (-3)}{4 - 1} = -\frac{1}{3}$$

Regla 7: Ángulos de salida y llegada: El ángulo con el que una rama sale de un polo, o llega a un cero, es:

$$\theta_{sp} = \sum_{i=1}^{m} \theta_{z_i} - \sum_{\substack{i=1 \\ i \neq sp}}^{n} \theta_{p_i} + (2q+1)\pi, si K > 0$$

$$\theta_{sp} = \sum_{i=1}^{m} \theta_{z_i} - \sum_{\substack{i=1 \\ i \neq sp}}^{n} \theta_{p_i} + 2q\pi, si K < 0$$

$$\theta_{u_z} = \sum_{i=1}^{n} \theta_{p_i} - \sum_{\substack{i=1 \\ i \neq u_z}}^{m} \theta_{z_i} + (2q+1)\pi, si K > 0$$

$$\theta_{u_z} = \sum_{i=1}^{n} \theta_{p_i} - \sum_{\substack{i=1 \\ i \neq u_z}}^{m} \theta_{z_i} + 2q\pi, si K < 0$$

Para comprobarlo, basta con aplicar el criterio del argumento en un punto del lugar de las raíces muy cercano al polo o al cero cuyo ángulo de rama se desea calcular.

Por ejemplo, para $K > 0$, en el caso de la figura anterior:

$$\sum_{i=1}^{n} \theta_{p_i} - \sum_{i=1}^{m} \theta_{z_i} = (2q+1)\pi$$

Dado que el ángulo que forma el punto con el polo más cercano es, prácticamente, el ángulo de salida de la rama.

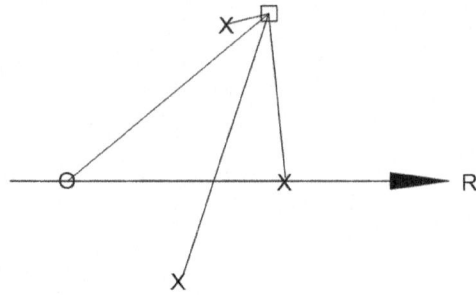

Figura 10.16: Ejemplo.

$$\sum_{\substack{i=1 \\ i \neq sp}}^{n} \theta_{p_i} + \theta_{sp} - \sum_{i=1}^{m} \theta_{z_i} = (2q+1)\pi$$

$$\theta_{sp} = \sum_{i=1}^{m} \theta_{z_i} - \sum_{\substack{i=1 \\ i \neq sp}}^{n} \theta_{p_i} + (2q+1)\pi$$

Ejemplo Volviendo al sistema seguido como ejemplo, para $K > 0$,

$$\theta_{sp} = [arctg\frac{1}{2}] - [\frac{\pi}{4} + \frac{\pi}{2} + \frac{3\pi}{4}] + \pi = -64$$

mientras que, para $K < 0$,

$$\theta_{sp} = [arctg\frac{1}{2}] - [\frac{\pi}{4} + \frac{\pi}{2} + \frac{3\pi}{4}] = 116$$

Regla 8: Puntos de dispersión y confluencia Los puntos en los que varias ramas se separan del eje real, o confluyen en él, están dados por $\frac{dK}{ds} = 0$

No se demostrará rigurosamente, si bien se puede comprobar su certeza a la vista de los siguiente dos casos.

Además, las ramas intersectan con el eje de manera ortogonal.

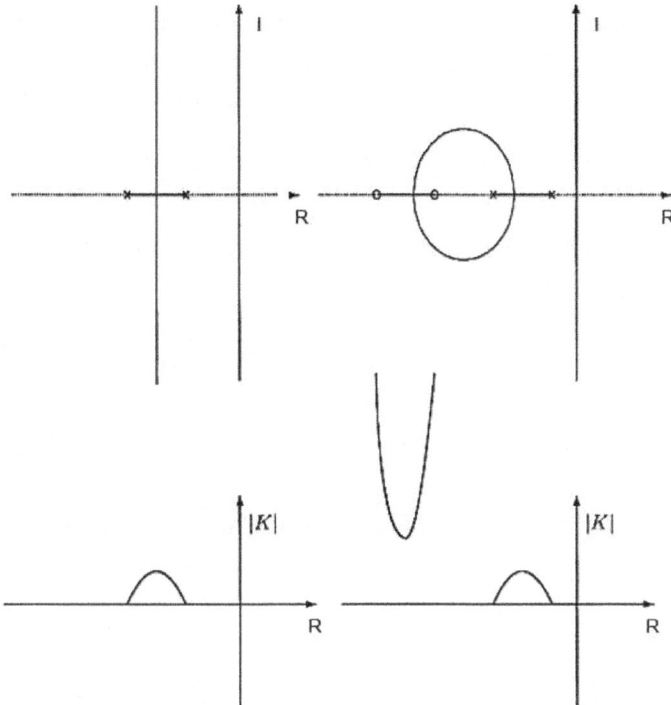

Figura 10.17: Ejemplo.

Ejemplo En nuestro ejemplo:

$$1 + K\frac{s+3}{s(s+2)(s^2+2s+2)} = 0$$

Despejando K:

$$K = -\frac{s(s+2)(s^2+2s+2)}{s+3} = -\frac{s^4+4s^3+6s^2+4s}{s+3}$$

Por lo que:

$$\frac{dK}{ds} = -\frac{(4s^3+12s^2+12s+4)(s+3)-(s^4+4s^3+6s^2+4s)}{(s+3)^2} = 0$$

Cuyas raíces son $s = -3.65$, $s = -1.54$ y $s = -0.7 \pm j0.4$. Las raíces complejas conjugadas no son soluciones sobre el eje real, por lo que deben descartarse. De las otras dos, y a la vista de la gráfica del lugar de las raíces, se deduce que $s = -3.65$ es punto de confluencia y $s = -1.54$ es punto de dispersión.

207

Otra forma de calcularlos consiste en observar sobre la gráfica, en qué zonas del eje real (valores de s) es previsible que se encuentren los puntos de confluencia y dispersión, y tantear valores de s, sobre la expresión.

$$K = -\frac{s^4 + 4s^3 + 6s^2 + 4s}{s + 3}$$

Hasta encontrar le máximo o mínimo de K. Por ejemplo, para el punto de dispersión, se tantearía en torno a $s = -1.5$:

s	-1.60	-1.55	-1.54	-1.53	-1.50
K	0.6217	0.6265	0.6267	0.6266	0.6250

Por lo que $s = -1.54$ para $K = 0.63$. Para el punto de confluencia, se tantearía en torno a $s = -3.5$:

s	-3.70	-3.66	-3.65	-3.64	-3.60
K	74.492	74.340	74.332	74.336	74.496

Por lo que $s = -3.65$ para $K = 74.3$.

Se puede comprobar que también puede tener sentido aplicar esta regla en puntos de confluencia o dispersión que no pertenezcan al eje real.

Regla 9: Intersección con el eje imaginario

Las intersecciones con el eje imaginario corresponden a valores de K para los cuales el sistema realimentado se encuentra en el límite de la estabilidad.

Estos cortes se obtienen, por tanto, aplicando el criterio de Routh.

Ejemplo:

Siguiendo con el ejemplo:

$$p(s) = s(s + 2)(s^2 + 2s + 2) + K(s + 3)$$

Es decir:

$$p(s) = s^4 + 4s^3 + 6s^2 + (4 + K)s + 3K$$

Por lo que la tabla de Routh resulta:

s^4	1	6	$3K$
s^3	4	$4+K$	0
s^2	$\frac{20-K}{4}$	$3K$	0
s^1	m	0	0
s^0	$3K$	0	0

Con lo que deben cumplirse tres condiciones:

$$\begin{cases} \frac{20-K}{4} > 0 \\\\ m = \dfrac{\frac{(20+K)(4+K)}{4} - 12K}{\frac{20-K}{4}} > 0 \\\\ 3K > 0 \end{cases}$$

Por lo que finalmente se tiene que:

$$\begin{cases} K < 20 \\\\ -34.33 < K < 2.33 \\\\ K > 0 \end{cases}$$

Es decir, el sistema es estable para:

$$0 < K < 2.33$$

Se puede deducir que los cortes con el eje imaginario del lugar directo corresponden al valor de $K = 2.33$. Para este valor, se produce una fila de ceros en la tabla de Routh, en concreto la de orden dos, con lo que el polinomio auxiliar es:

$$a(s) = \frac{20-K}{s}s^2 + 3K$$

cuyas raíces nos dan los cortes buscados: $s = \pm j1.26$. Existe un tercer corte, pero en este caso, resulta trivial. Es el correspondiente a $K = 0$, que en la gráfica se ve que corresponde con $s = 0$, y que da lugar a otra fila de ceros diferente (la de orden uno).

Regla 10: Suma de las raíces:

Si el polinomio característico se expresa de la forma:

$$p(s) = a_n s^n + a_{n-1} s^{n-1} + ... + a_1 s + a_0$$

Entonces, para cualquier valor de K se verifica que la suma de las raíces es $-\frac{a_{n-1}}{a_n}$.

La demostración se basa en la teoría de polinomios (Cardano - Vietta).

Ejemplo

En el ejemplo seguido:

$$p(s) = s^4 + 4s^3 + 6s^2 + (4 + K)s + 3K$$

Por ejemplo, para $K = 0$, se verifica que:

$$-\frac{4}{1} = 0 - 1 + j - 1 - j - 2$$

Más útil resultaría aplicar esta regla en el punto de dispersión, con el fin de conocer dónde se encuentran los dos polos restantes, para ese valor de K.

$$-\frac{4}{1} = -1.54 \cdot 2 + (-\sigma + jw_d) + (-\sigma - jw_d)$$

Es decir:

$$\sigma = \frac{4 - 2 \cdot 1.54}{2} = 0.46$$

Esto corresponde a un sistema estable.

Son muchos los casos como el del ejemplo, en los que el cociente anterior es indispensable de K. Ello significa que, al ser la suma de las raíces constante, las ramas que vayan hacia la derecha deben compensarse con la existencia de ramas que vayan hacia la izquierda.

Finalmente, el lugar de las raíces completo del ejemplo seguido es el siguiente.

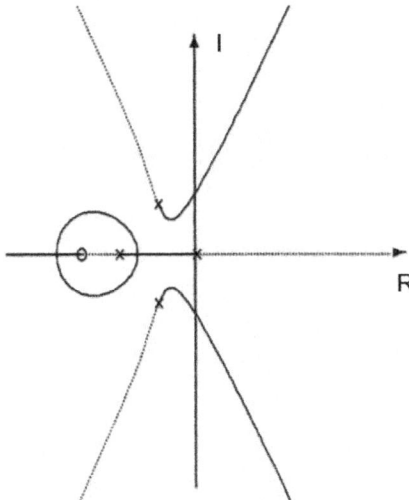

Figura 10.18: Ejemplo.

Del lugar de las raíces puede llevarse a cabo un análisis dinámico del sistema.

Ejemplo

En el ejemplo utilizado, el sistema realimentado es:

$$M(s) = \frac{K(s+3)}{s(s+2)(s^2+2s+2)+K(s+3)}$$

Verifica que:

$$\begin{cases} \forall K < 0, & inestable \\ \\ \forall 0 < K < 2.33 & subamortiguado \\ \\ \forall K > 2.33 & inestable \end{cases}$$

10.4. Formas básicas

Se analizan a continuación el lugar de las raíces correspondientes a sistemas de primer y segundo orden, el efecto de los polos y ceros adicionales.

Sistemas de primer orden

$$\theta_a = \frac{(2q+1)\pi}{1-0} = \pi$$

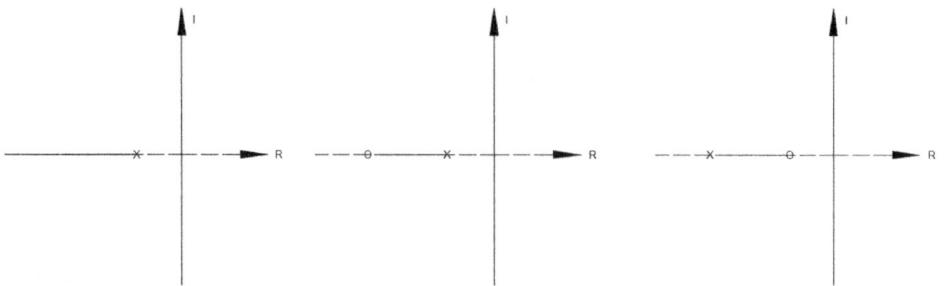

Figura 10.19: Ejemplo.

Sistemas de segundo orden

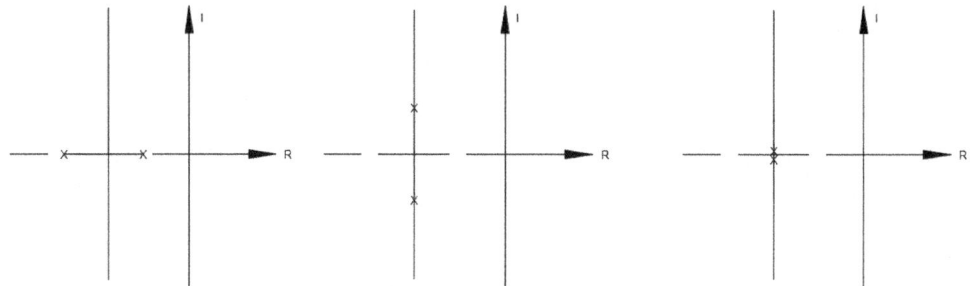

Figura 10.20: Ejemplo.

$$\theta_a = \frac{(2q+1)\pi}{2-0} = \frac{\pi}{2}, \frac{3\pi}{2}$$

$$\theta_a = -\frac{\sigma_1 + \sigma_2}{2}$$

$$\theta_{sp} = \sum_{i=1}^{m} \theta_{z_i} - \sum_{\substack{i=1}}^{n} \theta_{p_i} + (2q+1)\pi = -\frac{\pi}{2} + \pi = \frac{\pi}{2}$$

$$i = 1$$

$$i \neq sp$$

Se observa que los valores de $K < 0$ tienden a inestabilizar el sistema, motivo por el cual las realimentaciones no suelen ser positivas.

Segundo orden con cero adicional

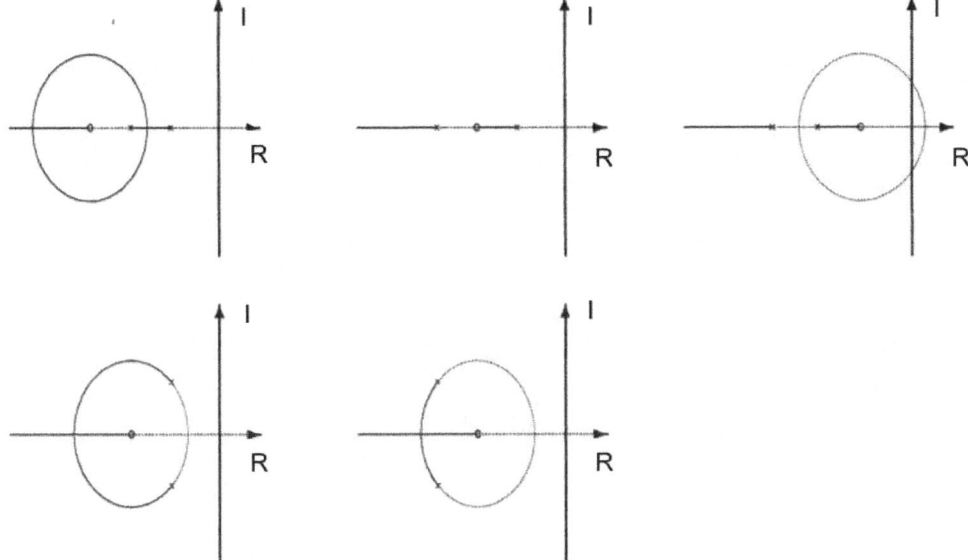

Figura 10.21: Ejemplo.

$$\theta_a = \frac{(2q + 1\pi)}{2 - 1} = \pi$$

Comparando la primera, cuarta y quinta figuras con la del sistema de segundo orden puro, se puede comprobar que, en general, la adición de un cero a un sistema en cadena abierta tiende a estabilizar el sistema realimentado.

Entender la influencia cualitativa de la posición relativa de polos y ceros, en el lugar de las raíces, es importante de cara al diseño de reguladores con más de un parámetro variable.

Segundo orden con polo adicional (tercer orden)

$$\theta_a = \frac{(2q + 1)\pi}{3 - 0} = \frac{\pi}{3}, \pi, -\frac{\pi}{3}$$

Comparando cualquiera de estas formas con la del sistema de segundo orden puro, se puede comprobar que, en general, la adición de un polo a un sistema en cadena abierta tiende a inestabilizar el sistema realimentado.

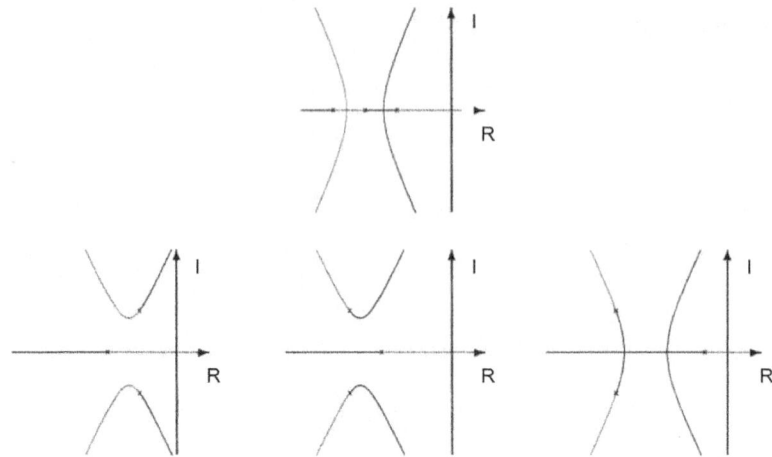

Figura 10.22: Ejemplo.

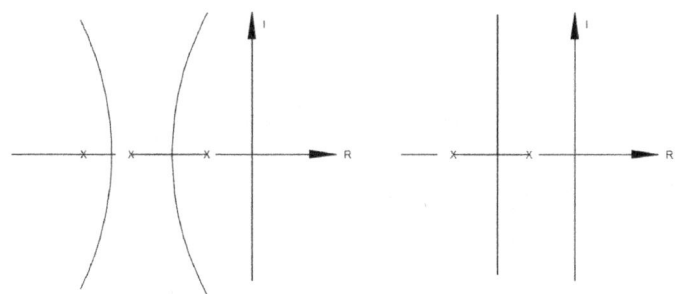

Figura 10.23: Ejemplo.

A la vista de las figuras, puede deducirse también que debe evitarse la cancelación de polos y ceros en el sistema en cadena abierta, puesto que conduciría a polos en cadena cerrada cualitativamente diferentes. Se observa que, en el sistema sin reducir de orden, existen valores de K para los cuales este llega a hacerse inestable. En el caso del sistema reducido, sin embargo, este es estable $\forall K > 0$.

$$\theta_a = \frac{(2q+1)\pi}{4-0} = \frac{\pi}{4}, \frac{3\pi}{4}, -\frac{3\pi}{4}, -\frac{\pi}{4}$$

$$\sigma_a = -\frac{\sigma_1 + \sigma_2 + \sigma_3 + \sigma_4}{4}$$

En el tercero de los casos:

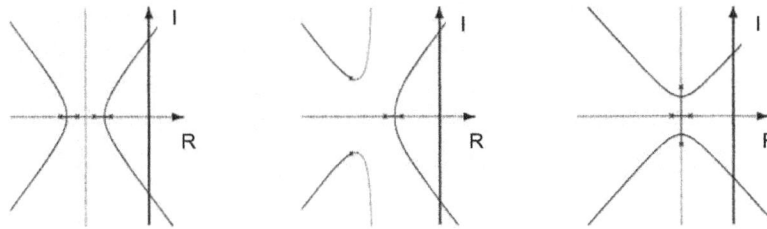

Figura 10.24: Ejemplo.

$$\theta_{sp} = \sum_{i=1}^{m} \theta_{z_i} - \sum_{\substack{i=1 \\ i \neq sp}}^{n} \theta_{p_i} + (2q+1)\pi = -[\frac{\pi}{2} + \alpha + (\pi - \alpha)] + \pi = -\frac{\pi}{2}$$

10.5. Lugar de las raíces generalizado

El método del lugar de las raíces se puede generalizar cuando se tiene un parámetro variable de K, es decir, cuando lo que varía es un polo o un cero.

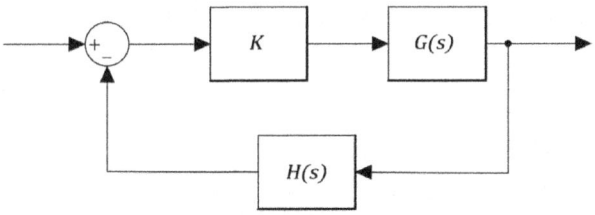

Figura 10.25: Ejemplo.

Se denomina **contorno de las raíces** al lugar geométrico de los polos en cadena cerrada cuando, permaneciendo K constante, se varía la posición de los polos y ceros en cadena abierta. En este caso, la forma de analizar el comportamiento dinámico del sistema consiste en reescribir el polinomio $p(s)$, de forma que quede expresado como:

$$\prod_{i=1}^{n}(s - p_i) + K \prod_{i=1}^{m}(s - z_i) = \prod_{i=1}^{\widehat{n}}(s - \widehat{p}_i) + c_i \prod_{i=1}^{\widehat{m}}(s - \widehat{z}_i) = 0$$

Donde c_i es el nuevo parámetro variable, polo o cero. Nótese que, al llevar a cabo esta transformación, los nuevos polos $\widehat{p}_i$ y ceros $\widehat{z}_i$ que aparecen en cadena abierta no tienen significado físico; de hecho, pueden aparecer más ceros que polos ($\widehat{m} > \widehat{n}$). Sin embargo, los ceros del sistema realimentado siguen siendo los mismos, ya que estos no vienen dados por el lugar de las raíces.

Ejemplo

Dibujar el lugar de las raíces del siguiente sistema:

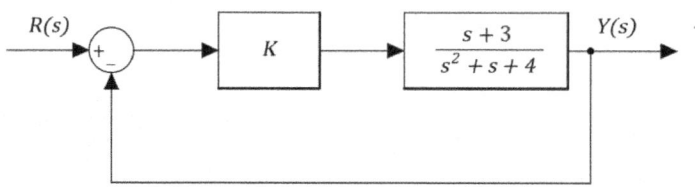

Figura 10.26: Ejemplo.

Y calcular el valor de K para que la respuesta sea similar a la de un sistema de segundo orden con un sobrepico del 20 % ante una entrada escalón unitario (sin tener en cuenta el cero de lazo cerrado).

Solución

1) Puntos de comienzo:

$$s_{1,2} = -0.5 \pm j1.93$$

2) Puntos de finalización:

$$s = -3$$

3) Lugar en el eje real:

$$(-\infty, -3]$$

4) Asíntotas:

$$\theta_a = \frac{180°(2q + 1)}{p - z} = \frac{180°(2q + 1)}{2 - 1} = 180°$$

5) Centroide:

$$\sigma_a = \frac{\sum polos - \sum ceros}{p - z} = \frac{-1 + 3}{2 - 1} = 2$$

6) Ángulos de salida desde polos complejos conjugados:

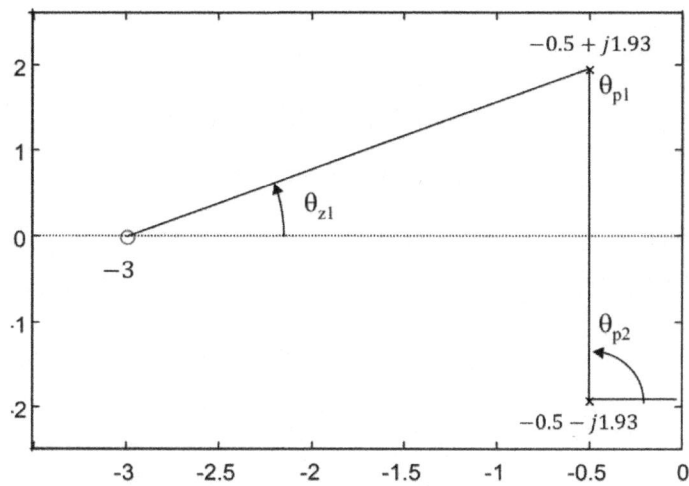

Figura 10.27: Ejemplo.

$$\theta_{z1} = arctg(\frac{1.93}{2.5}) = 37.667°$$

$$\theta_{p2} = 90°$$

$$37.667° - 90° - \theta_{p1} = 180°$$

$$\theta_{p1} = -180° - 52.34° = -232.34°$$

7) Puntos de corte con el eje imaginario:

$$1 + K\frac{s+3}{s^2+s+4} = 0$$

$$s^2 + s + 4 + Ks + 3K = 0$$

$$s^2 + (K+1)s + 4 + 3K = 0$$

En donde el coeficiente de s^2 es:

$$1$$

En donde el coeficiente de s^1 es:

$$K + 1$$

En donde el coeficiente de s^0 es:

$$4 + 3K$$

Por tanto

$$K + 1 \geq 0 \quad K \geq -1$$

$$4 + 3K \geq 0 \quad K \geq -\frac{4}{3} \quad K \geq -1.33$$

Luego será: $K \geq -1$

8) Puntos de llegada al eje real:

$$1 + K\frac{s+3}{s^2 + s + 4} = 0$$

$$K = -\frac{s^2 + s + 4}{s + 3}$$

$$\frac{dK}{ds} = -\frac{(2s+1)(s+3)-)s^2 + s + 4}{(s+3)^2} = \frac{2s^2 + 7s + 3 - s^2 - s - 4}{(s+3)^2}$$

$$= \frac{s^2 + 6s - 1}{(s+3)^2} = 0$$

$$s_{1,2} = \begin{cases} -6.16 \\ \\ 0.16 \end{cases}$$

El 0.16 es no válido debido a que no cumple la condición.

Y el lugar de las raíces completo:

Para que la respuesta sea similar a la de un sistema de segundo orden con un sobrepico del 20 % se tiene:

$$M_p = e^{-\frac{\delta\pi}{\sqrt{1-\delta^2}}} = 0.043$$

$$-\frac{\delta\pi}{\sqrt{1-\delta^2}} = ln0.043$$

$$\delta^2\pi^2 = 9.9(1 - \delta^2)$$

$$\delta^2(\pi^2 + 9.9) = 9.9$$

$$\delta^2 = 0.5$$

$$\delta = 0.707$$

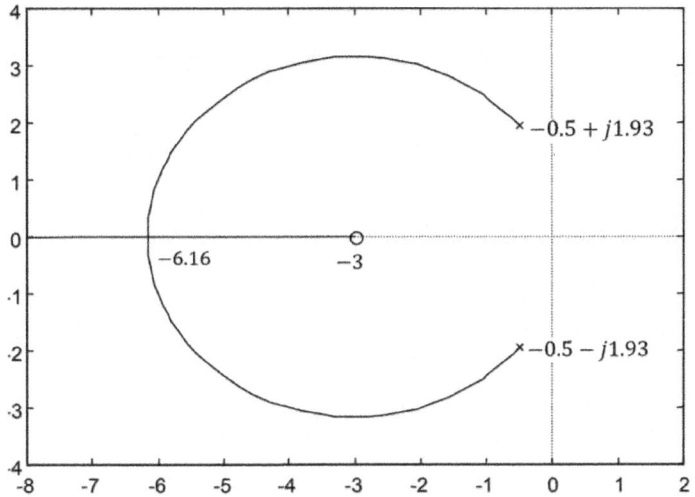

Figura 10.28: Ejemplo.

$$\theta = arccos\delta = 45°$$

$$t_s = \frac{\pi}{\delta \cdot w_n} \leq \pi$$

$$\delta \cdot w_n \geq 1$$

$$w_n \geq \frac{1}{0.707}$$

$$w_n \geq 1.41$$

Se puede observar que la restricción está fijada sólo por el máximo sobrepico.

El punto de funcionamiento se calcula a partir del lugar de las raíces, donde de forma aproximada será:

$$s_{1,2} = -3.3 \pm 3.3j$$

Como $K \cdot G(s) = -1$

$$K = \left| \frac{1}{G(s)} \right|_{s=s_1}$$

$$K = \left| \frac{s^2 + s + 4}{s + 3} \right| = \left| \frac{(-3.3 + j3.3)^2 + (-3.3 + j3.3) + 4}{(-3.3 + j3.3) + 3} \right| = \left| \frac{0.7 - j18.48}{-0.3 + j3.3} \right|$$

$$= \left| \frac{18.49\angle - 87.83}{3.31\angle 95.19} \right| = 5.58$$

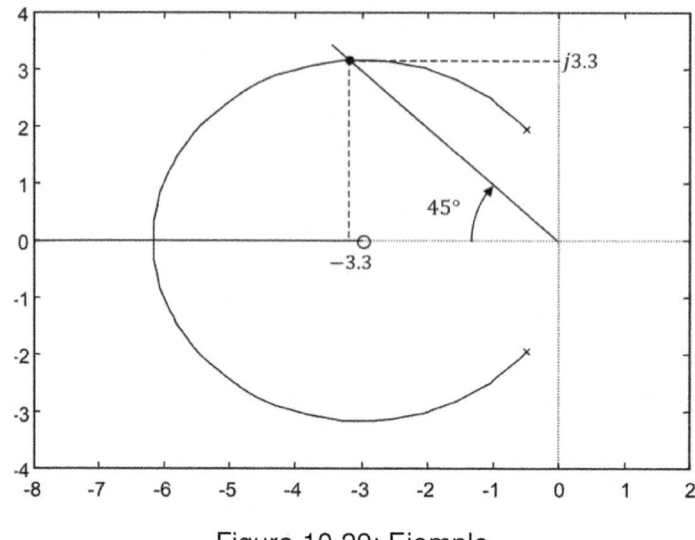

Figura 10.29: Ejemplo.

La función de transferencia de lazo cerrado con el regulador proporcional calculado será:

$$M(s) = \frac{5.58\frac{s+3}{s^2+s+4}}{1 + 5.58\frac{s+3}{s^2+s+4}} = \frac{5.58(s+3)}{s^2 + s + 4 + 5.58s + 16.74} = \frac{5.58(s+3)}{s^2 + 6.58s + 20.74}$$

Capítulo 11

Introducción a los sistemas de control

11.1. Control en Lazo Abierto

En teoría se puede eliminar E_p en lazo abierto. Para esto tendríamos que lograr que, tras la introducción del compensador, la ganancia estática del sistema $M(0)$ sea igual a 1.

En el caso del siguiente sistema:

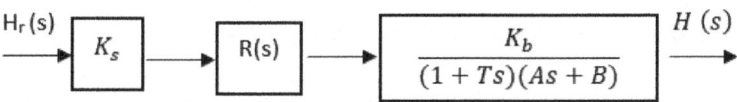

Figura 11.1: Ejemplo.

Podemos eliminar el error en estado estable con el bloque:

$$R(s) = \frac{B}{K_s \cdot K_b}$$

En realidad, puede ser cualquier otro, lo primordial es que tenga la misma ganancia estática. También podemos modificar la dinámica del sistema según las condiciones establecidas.

Por ejemplo si se desea la siguiente dinámica del sistema:

$$M(s) = \frac{a \cdot b}{(s + a)(s + b)}$$

Se puede introducir el siguiente compensador:

$$R(s) = \frac{a \cdot b}{K_8 \cdot K_b} \frac{(1 + T_s)(A_s + B)}{(s + a)(s + b)}$$

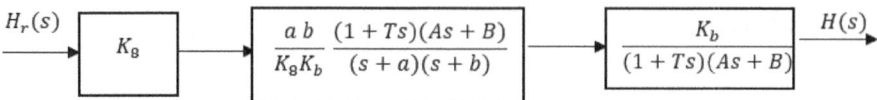

Figura 11.2: Ejemplo 2.

Para que cumpla con nuestras condiciones.

En la práctica una implementación de este estilo no es tan sencilla y se presentan varios inconvenientes:

1. Desconfianza en el modelo (al desconocer el valor exacto de polos y ceros).

2. Dinámicas no modeladas (el modelo de la bomba podría ser de segundo orden).

3. Dinámicas no compensables (polos inestables no pueden cancelarse).

4. Perturbaciones (apertura incontrolada de la válvula).

5. No linealidades (el sistema a controlar no es lineal).

El sistema de control seleccionado debe ser capaz de cumplir con las condiciones establecidas en un inicio: ser robusto a la incertidumbre del modelo, casi inalterable ante perturbaciones y cualitativamente como si el sistema real fuera lineal.

Control por realimentación simple
En este esquema. se introducen como nuevos elementos un sensor o captador y un comparador. El regulador se suele introducir a la salida del comparador.

Ejemplo
Incluyendo un modelo más real con perturbaciones:

$$q_e(t) = Ah(t) = Bh(t) + Da(t)$$

11.2. Control ON - OFF

El objetivo primordial de la realimentación es incrementar la acción de control cuando la variable controlada está por debajo del punto de referencia y viceversa.

La acción de control más básica es la acción on-off.

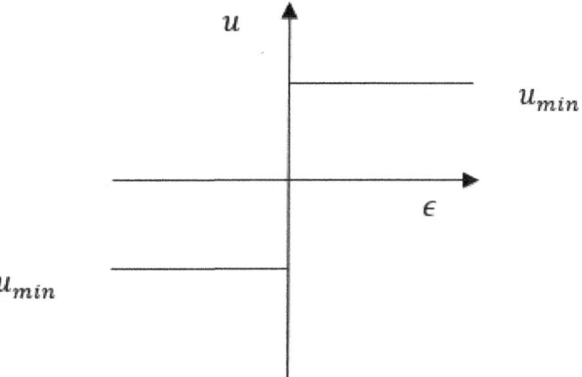

Figura 11.3: Acción de control on-off.

$$u(t) = \begin{cases} u_{max}, & \forall e(t) \geq 0 \\ u_{min}, & \forall e(t) < 0 \end{cases} \qquad (11.1)$$

Generalmente, u_{max} y u_{min} hace referencia a límites físicos de los actuadores. No tiene parámetros modificables. El inconveniente principal que tiene ese tipo de control es que, en régimen estable, entra en modo oscilatorio.

Existen dos variantes. El control on-off con zona muerta y el control on-off con histéresis.

- Para el primer caso, el problema radica en eliminar las oscilaciones cuando el error es pequeño.

- El problema en el segundo escenario consiste en evitar que la acción del controlador cambie el signo cuando hay poco ruido. Un ejemplo obvio es el termostato. Este tipo de procedimiento de control se puede mejorar mucho mediante las acciones proporcional, integral y derivativa.

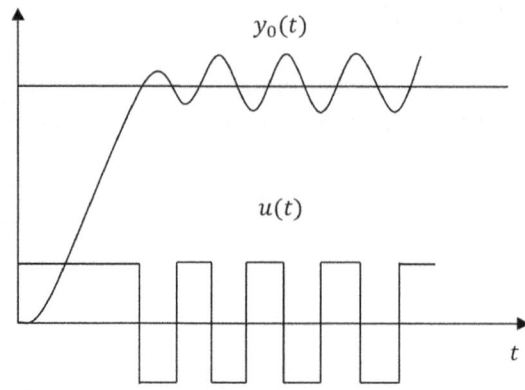

Figura 11.4: Comportamiento general de la acción de control on-off.

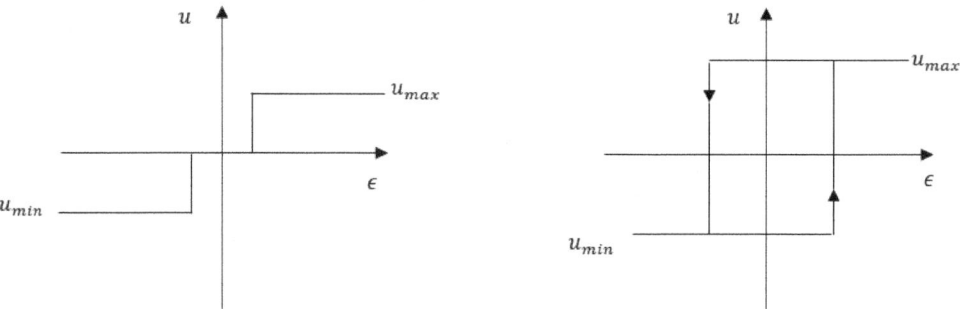

Figura 11.5: Casos de la acción de control on-off.

11.3. Compensación en adelanto

En este capítulo vamos a involucrarnos en el diseño de sistemas de control. Aplicaremos la técnica de compensación de adelanto, la cual consiste en colocar un compensador en serie a la función de transferencia $G(s)$ para obtener lo que deseamos, todo eso en el momento en el cual estamos realizando el diseño de sistemas de control.

En esta técnica el problema es realizar la elección correcta de los polos y ceros del compensador $G_c(s)$ para lograr obtener los polos dominantes en lazo cerrado, en las ubicaciones que deseamos, para que con esto se cumplan las especificaciones de comportamiento.

Compensadores de adelanto y compensadores de retardo

Existen varias maneras de obtener compensadores en adelanto, como son las redes electrónicas que usan los amplificadores operacionales, las redes RC eléctricas, entre otros.

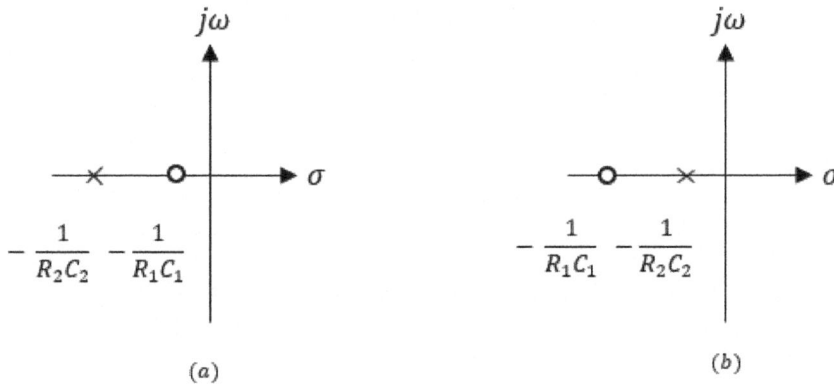

Figura 11.6: Polos y ceros: (a) Red de adelanto; (b) Red de atraso.

Técnicas de compensación basadas en la ubicación de las raíces (adelanto)

El método de las raíces es muy efectivo en el diseño de sistemas cuando necesitamos incorporar condiciones específicas a nuestras variables temporales, como el factor de amortiguamiento y la frecuencia natural no amortiguada de los polos dominantes en el sistema en lazo cerrado, así como el máximo sobrepico y el tiempo de establecimiento.

A continuación, se detallará el procedimiento para diseñar un compensador de adelanto para el sistema expresado en la figura 11.7. mediante el método de las raíces.

1. Determine el lugar de los polos del sistema en lazo cerrado.

2. Por medio de una gráfica de la ubicación de las raíces del sistema original, compruebe si el ajuste de la ganancia puede o no por sí solo proporcionar los polos en lazo cerrado adecuados.

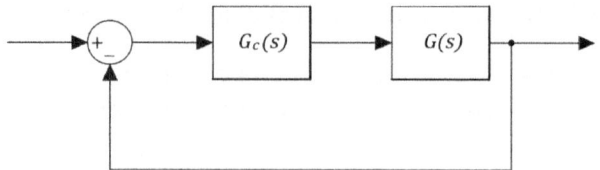

Figura 11.7: Sistema de control.

3. Suponga que el compensador $G_c(s)$ es:

$$G_c(s) = K_c\alpha\frac{T_s+1}{\alpha T_s+1} = K_c\frac{s+\frac{1}{T}}{s+\frac{1}{\alpha T}}, (0 < \alpha < 1)$$

4. Si no se especifican las constantes del error en estado estable, determine la ubicación de los polos y de los ceros del compensador de adelanto, para que el compensador pueda influir en el ángulo necesario. Si no hay otras condiciones intente aumentar el valor de α

$$K_v = \lim_{s\to0} sG_c(s)G(s) = K_c\alpha \lim_{s\to0} sG_c(s)$$

5. Determine el valor de la K_c del compensador de adelanto a partir de la condición de magnitud.

Al final debe verificarse que se cumplan las condiciones de comportamiento. Si el sistema no cumple debe repetirse el procedimiento.

Ejemplo

Partiendo de la función de transferencia en lazo abierto

$$G(s) = \frac{10}{s(s+1)}$$

La función de transferencia en lazo cerrado resulta:

$$\frac{C(s)}{R(s)} = \frac{10}{s^2+s+10} = \frac{10}{(s+0.5+j3.1225)(s+0.5-j3.1225)}$$

Los polos en lazo cerrado se ubican en:

$$s = -0.5 \pm j3.1225$$

El factor de amortiguamiento en lazo cerrado es igual $\xi = \frac{1/2}{\sqrt{10}} = 0.1581$.

La frecuencia natural no amortiguada en lazo cerrado $w_n = \sqrt{10} = 3.1623[rad/se$

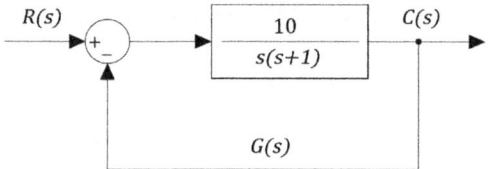

Figura 11.8: Sistema de control.

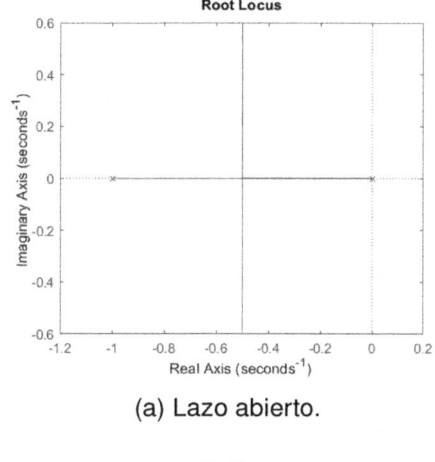

(a) Lazo abierto.

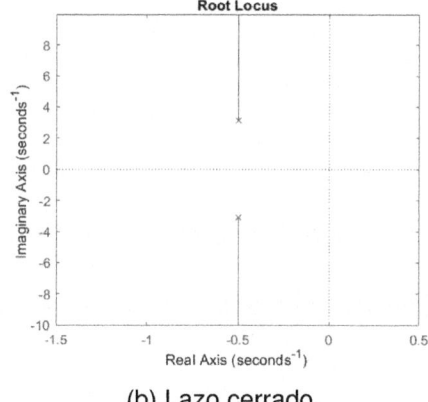

(b) Lazo cerrado.

Figura 11.9: Ubicación de los polos del sistema.

Ejemplo:

Diseñe un compensador de adelanto $G_c(s)$ de forma que los polos en lazo cerrado tengan el factor de amortiguamiento $\xi = 0.5$ y la frecuencia natural no amortiguada $w_n = 3$ rad/seg.

La localización de los polos en lazo cerrado se puede determinar a partir de:

$$s^2 + 2\xi w_n s + w_n^2 = s^2 + 3s + 9 = (s + 1.5 + j2.5981)(s + 1.5 - j2.5981)$$

Resumido

$$s = -1.5 \pm j2.5981$$

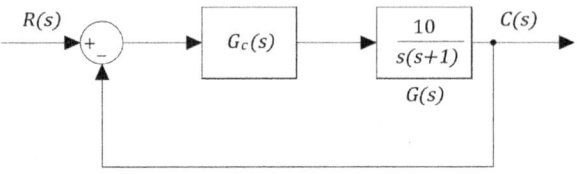

(a) Sistema compensado.

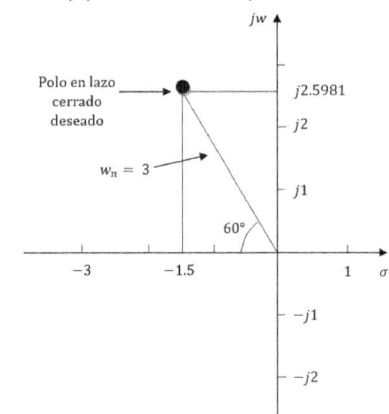

(b) Ubicación de los polos en lazo cerrado.

Figura 11.10: Ejemplo 4.

A continuación, se detallará el procedimiento para determinar el compensador de adelanto.

Realice la suma de los ángulos en la ubicación de uno de los polos dominantes en lazo cerrado con los polos y ceros del sistema del cual partimos o sistema original, y determine el ángulo necesario para que la suma total sea equivalente a $180(2k + 1)$.

Suponga que el compensador de adelanto tiene la siguiente función de transferencia:

$$G_c(s) = K_c \alpha \frac{Ts + 1}{\alpha Ts + 1} = K_c \frac{s + \frac{1}{T}}{s + \frac{1}{\alpha T}}, (0 < \alpha < 1)$$

El ángulo desde el polo en el origen al polo dominante en lazo cerrado se obtiene:

$$s = 1.5 + j2.5981; \angle = 120$$

El ángulo desde el polo $s = -1$ al polo dominante en lazo cerrado se obtiene:

$$s = 1.5 + j2.5981; \angle = 100.894$$

Por lo que tenemos una deficiencia del ángulo de:

Deficiencia del ángulo = 180° - 120° - 100.894° = -40.894°

Solución

Dibuje una línea que conecte el punto P con el origen. Biseccione el ángulo que forman las líneas PA y PO, como se muestra en la citada figura. Dibuje dos líneas PC y PD que formen ángulos de $+\phi/2$ con la bisectriz PB. Las intersecciones de PC y PD con el eje real negativo proporcionan la localización necesaria para el polo y el cero de la red de adelanto. Por tanto, el compensador diseñado hará de P un punto sobre el lugar de las raíces del sistema compensado. La ganancia en lazo abierto se determina mediante la condición de magnitud.

El ángulo de $G(s)$ es:

$$\left| \frac{10}{s(s+1)} \right|_{s = -1.5+j2.5981} = -220.894°$$

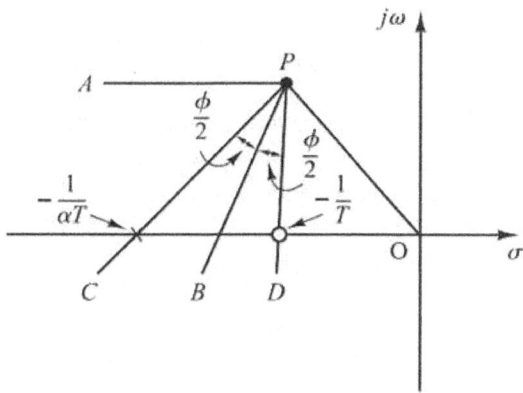

Figura 11.11: Determinación de polos y ceros.

Si necesitamos que la ubicación de las raíces pase por el polo en lazo cerrado deseado, el compensador de adelanto debe agregar $\phi = 40.894°$ en ese punto.

Si biseccionamos el ángulo APO y tomamos $40.894/2$ a cada lado, entonces la localización del polo y del cero se encuentran como sigue:

Ceros en s = -1.9432

Polos en s = -4.6458

De esta manera la función de transferencia puede expresarse:

$$G_c(s) = K_c \frac{s + 1.9432}{s + 4.6458} = K_c \frac{s + \frac{1}{T}}{s + \frac{1}{\alpha T}}$$

Cálculo del valor de α:

$$\alpha = \frac{1.9432}{4.6458} = 0.418$$

Cálculo del valor de K_c:

$$\left| K_c \frac{s+1.9432}{s+4.6458} \frac{10}{s(s+1)} \right|_{s=-1.5+j2.5981} = 1$$

O también puede adoptar el valor de:

$$K_c = \left| \frac{s+4.6458 \cdot s(s+1)}{10(s+1.9432)} \right|_{s=-1.5+j2.5981} = 1.2287$$

Obtenemos así el compensador de adelanto deseado:

$$G(s) = 1.2287 \frac{s + 1.9432}{s + 4.6458}$$

Por lo tanto, su función de transferencia en lazo abierto es:

$$G_c(s) = G(s) = 1.2287 \left(\frac{s + 1.9432}{s + 4.6458} \right) \frac{10}{s(s+1)}$$

Y su función de transferencia en lazo cerrado es:

$$\frac{C(s)}{R(s)} = \frac{12.87s + 23.876}{s^3 + 5.646^2 + 16.933s + 23.876}$$

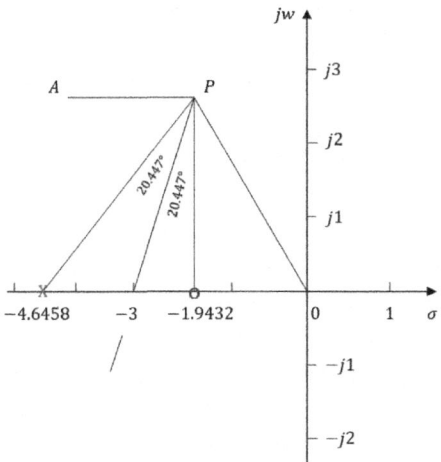

Figura 11.12: Determinación del polo y el cero de una red de adelanto.

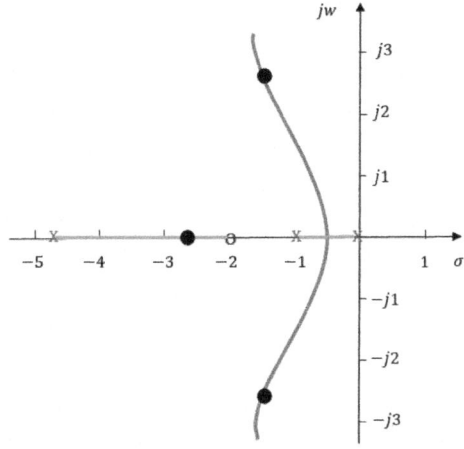

Figura 11.13: Ubicación de las raíces del sistema compensado.

Comparación de la respuesta del sistema compensado y no compensado ante una entrada escalón unitario y rampa mediante MATLAB

Respuesta ante el escalón

```
% ***** Respuesta a escalón unitario de sistemas
compensado y no compensado*****
num1 = [12.287 23.876];
den1 = [1 5.646 16.933 23.876];
num = (10);
```

```
den = [ 1 1 10];
t = 0:0.05:5;
c1 = step(num1,den1,t);
c = step(num,den,t);
plot(t,c1,'-',t,c,'x')
grid
title('Respuesta a escalón unitario de sistemas
compensado y no compensado')
xlabel ('t Seg')
ylabel ('Salidas c1 y c')
```

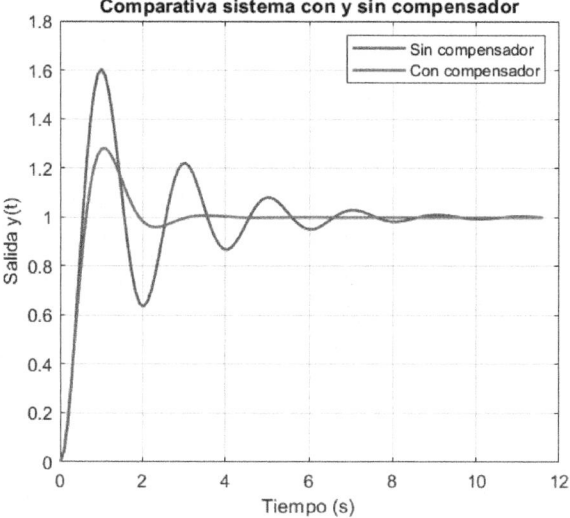

Figura 11.14: Respuesta, ante el escalón, del sistema compensado y sin compensar.

Respuesta ante una señal rampa

```
%***** Respuesta a una señal rampa del sistema com-
pensado*****
num1 = [12.287 23.876];
den1 = [1 5.646 16.933 23.876 0];
t= 0:0.05:5;
```

```
c1 = step(num1,den1,t);
plot(t,c1,'-',t,t,'.')
grid
title('Respuesta a una rampa unitaria de los siste-
mas compensado')
xlabel ('t Seg')
ylabel ('Entrada en Rampa Unitaria y Salidas c1 y
c')
```

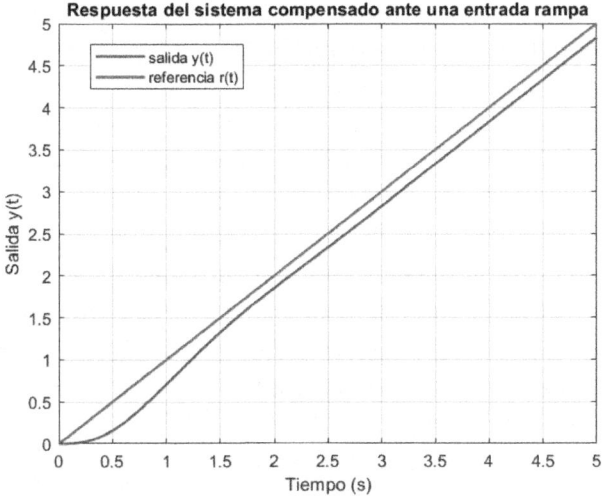

Figura 11.15: Respuesta ante una señal rampa del sistema compensado.

11.4. Compensación en atraso

Técnicas de compensación basadas en la ubicación de las raíces (atraso)

En esta situación, la compensación implica principalmente aumentar la ganancia en lazo cerrado sin causar cambios significativos en las propiedades de la respuesta temporal. Esto hace que no sea preciso hacer cambios importantes en relación con a la ubicación de las raíces cercanas a los polos dominantes en lazo cerrado, sino más bien aumentar la ganancia en lazo abierto según sea necesario.

Asumiendo que el compensador de retardo sea:

$$G_c(s) = \widehat{K_c}\beta\frac{Ts+1}{\beta Ts+1} = \widehat{K_c}\frac{s+\frac{1}{T}}{s+\frac{1}{\beta T}}$$

Si se encuentran muy cerca el cero y el polo del compensador de retardo, en $s = s_1$, podemos decir que las magnitudes $s_1 + (1/T)$ y $s_1 + [1/(\beta T)]$ son casi iguales.

$$|G_c(s_1)| = \left| \widehat{K_c}\frac{s_1+\frac{1}{T}}{s_1+\frac{1}{\beta T}} \right| = \div\widehat{K_c}$$

Para que el ángulo de retardo sea pequeño:

$$-5° < \left| \frac{s_1 + \frac{1}{T}}{s_1 + \frac{1}{\beta T}} \right| < 0°$$

Un aumento en la amplificación conlleva un aumento en las constantes de error en el estado estacionario. Si la función de transferencia en lazo abierto del sistema sin compensar es $G(s)$, entonces la constante de error estático de velocidad K_v del sistema no compensado es

$$K_v = \lim_{s\to 0} sG(s)$$

Ahora para el sistema compensado en lazo abierto obtenemos:

$$\widehat{K_v} = \lim_{s\to 0} sG_c(s)G(s) = \lim_{s\to 0} G_c(s)K_v = \widehat{K_v}\beta K_v$$

Donde K_v es la constante de error de velocidad estática del sistema no compensado.

La principal desventaja de la compensación de atraso es que el cero del compensador que se generará cerca del origen da lugar a un polo en lazo cerrado en ese punto, lo que provocará que el tiempo de establecimiento aumente.

Procedimiento

1. Dibuje la gráfica donde se aprecie la ubicación de las raíces para el sistema no compensado.

2. Asuma que la función de transferencia es la siguiente:

$$G_c(s) = \widehat{K_c}\beta\frac{Ts+1}{\beta Ts+1} = \widehat{K_c}\frac{s+\frac{1}{T}}{s+\frac{1}{\beta T}}$$

3. Calcule la constante de error en estado estable definida en el problema.

4. Determine el incremento del error en estado estable necesario para cumplir con las especificaciones.

5. Encuentre el polo y el cero del compensador que producen la ganancia del error en estado estable sin alterar la ubicación de las raíces originales.

6. Dibuje una nueva gráfica con la ubicación de las raíces en el sistema no compensado y ubique los polos dominantes en lazo cerrado.

7. Ajuste la ganancia del compensador para que los polos dominantes en lazo cerrado se encuentren donde deseamos.

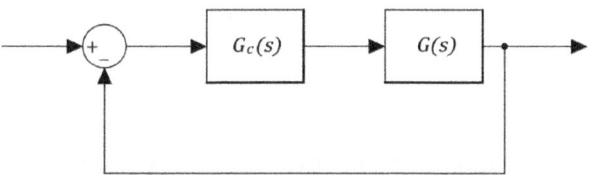

Figura 11.16: Sistema de Control.

Ejemplo

La función de transferencia es:

$$G(s) = \frac{1.06}{s(s+1)(s+2)}$$

Función de transferencia en lazo cerrado:

$$\frac{C(s)}{R(s)} = \frac{1.06}{s(s+1)(s+2)+1.06}$$

Los polos en lazo cerrado son:

$$s = -0.3307 \pm j0.5864$$

- El factor de amortiguamiento en lazo cerrado es igual $\xi = 0.491$.

- La frecuencia natural no amortiguada en lazo cerrado es $w_n = 0.673$ rad/seg.

- La constante de error estático de velocidad es $K_v = 0.53 \ seg^{-1}$.

Se pide incrementar la constante de error estático de velocidad a $5 \ seg^{-1}$
Para incrementar la constante de error estático de velocidad en un factor de 10, se selecciona $\beta = 10$ y se coloca el cero y el polo del compensador de retardo en $s = -0.05$ y $s = -0.005$.

Se obtiene así una nueva función de transferencia

$$G_c(s) = \widehat{K_c} \frac{s + 0.05}{s + 0.005}$$

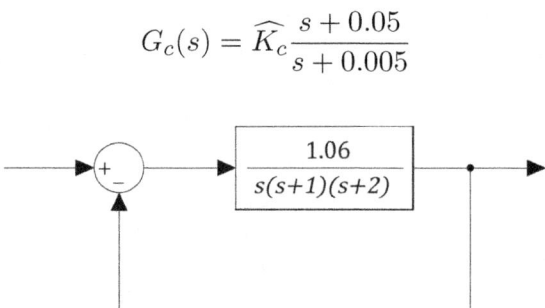

Figura 11.17: Sistema de control.

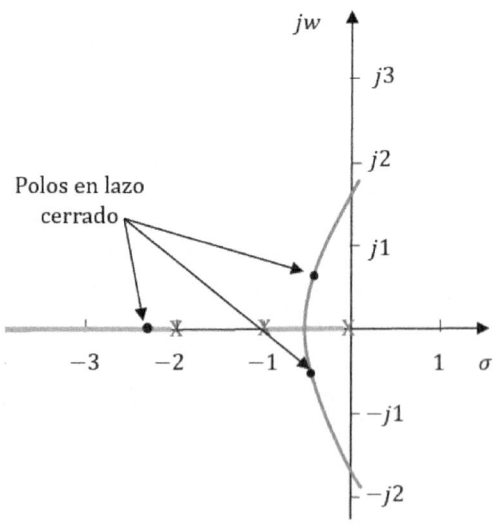

Figura 11.18: Ubicación de las raíces en lazo cerrado.

Función de transferencia del sistema compensado en lazo abierto:

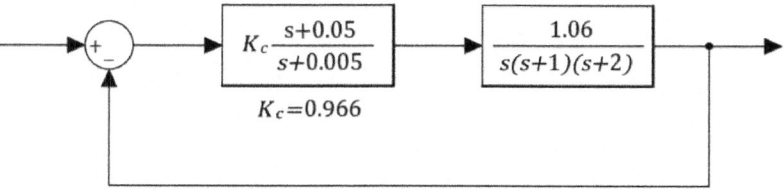

Figura 11.19: Sistema de Compensado.

$$G_c(s)G(s) = \widehat{K_c}\frac{s+0.05}{s+0.005}\frac{1.06}{s(s+1)(s+2)}$$

$$= \frac{K(s+0.05)}{s(s+0.005)(s+1)(s+2)}$$

Donde:

$$K = 1.06\widehat{K_c}$$

Ubicación de las raíces del sistema compensado y no compensado (MATLAB)

```
% ***** Lugar de las raíces del sistema compensado
y no compensado *****
% ***** Introduzca los numeradores y denominadores
de los
% sistemas compensado y no compensado *****
numc = [1 0.05];
denc = [1 3.005 2.015 0.01 0];
num = [1.06];
den = [1 3 2 0];
% *** Introduzca la orden rlocus. Represente el lu-
gar de las raíces de ambos sistemas***
rlocus(numc,denc)
hold on
rlocus(num,den)
v = [-3 1 -2 2]; axis(v); axis('square')
grid on
title('Lugares de las raíces de los sistemas com-
pensado y no compensado')
hold
```

```
Current plot released
% ***** Represente el lugar de las raíces del sis-
tema compensado cerca del origen *****
rlocus(numc,denc)
v= [-0.6 0.6 -0.6 0.6]; axis(v); axis('square')
grid on
title('Lugar de las raíces del sistema compensado
cerca del origen')
```

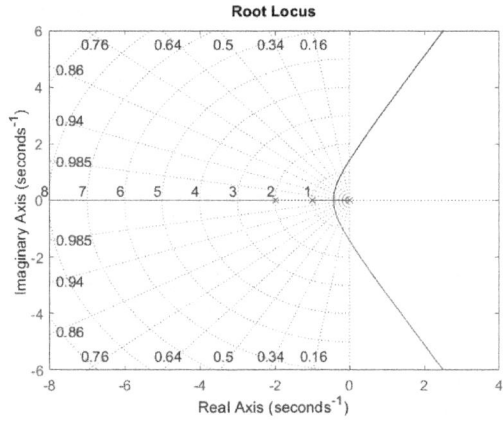

Figura 11.20: Ubicación de las raíces del sistema original y compensado.

Los polos se obtienen a partir de la nueva gráfica de la ubicación de las raíces del modo siguiente:

$$s_1 = -0.31 + j0.55$$

$$s_2 = -0.31 - j0.55$$

Cabe recalcar que esto aplica solo si el factor de amortiguamiento en los nuevos polos no cambia.

Ganancia K (lazo abierto):

$$K = \left| \frac{s(s+0.005)(s+1)(s+2)}{s+0.005} \right|_{s=-0.31+j0.55}$$

$$K = 1.0235$$

Por lo tanto, la ganancia de compensador de atraso se obtiene de la siguiente manera:

$$\widehat{K_c} = \frac{K}{1.06} = \frac{1.0235}{1.06} = 0.9656$$

Entonces la función de transferencia del compensador de atraso es:

$$G_c(s) = 0.9656\frac{s + 0.05}{s + 0.005} = 9.656\frac{20s + 1}{200s + 1}$$

Función de transferencia del sistema compensado en lazo abierto:

$$G_1(s) = \frac{1.0235(s + 0.05)}{s(s + 0.005)(s + 1)(s + 2)} = \frac{5.12(20s + 1)}{s(200s + 1)(s + 1)(0.5s + 1)}$$

El valor de K_v es:

$$K_v = \lim_{s \to 0} sG1(s) = 5.12 seg^{-1}$$

Aumentando la velocidad:

$$Ganancia = \frac{5.12}{0.53} = 9.66$$

Con esto se puede concluir que se logró con lo estipulado en el ejercicio, lo cual era incrementar K_v hasta $5\ seg^{-1}$.

La frecuencia natural no amortiguada de los polos dominantes en lazo cerrado del sistema compensado es $w_n = 0.631\ rad/seg$.

Este valor es aproximadamente un 6% menor que el valor original, que era $w_n = 0.673\ rad/seg$.

Con esto se puede interpretar que la respuesta temporal del sistema compensado será más lenta que la del sistema no compensado (original).

Respuesta ante la rampa de los sistemas original y compensado (MATLAB)

```
% ***** Respuesta a una rampa unitaria de sistemas
compensado y no compensado *****
numc = [1.0235 0.0512];
denc = [1 3.005 2.015 1.0335 0.0512 0];
```

```
num = [1.06];
den = [1 3 2 1.06 0];
% ***** Especifique el rango de tiempo (tal como t%
0:0.1:50) e introduzca
% la orden step y la orden plot. *****
t= 0:0.1:50;
c1 =step(numc,denc,t);
c2 =step(num,den,t);
plot(t,c1,'-',t,c2,'.',t,t,'-')
grid
ylabel('Salidas c1 y c2')
```

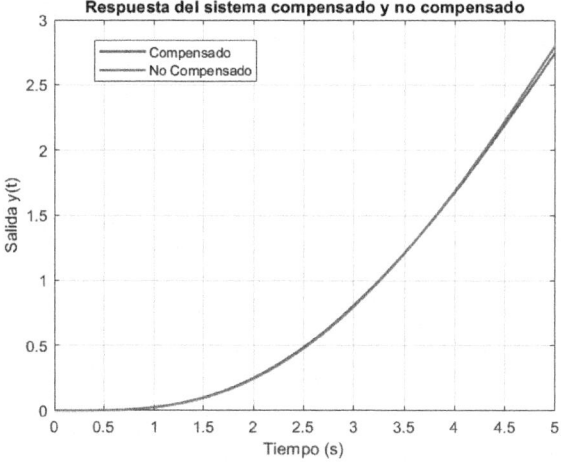

Figura 11.21: Respuesta ante la rampa de los sistemas original y compensado.

Conclusión

Se comprueba que el error en estado estable es mucho menor en el sistema compensado que en el sistema sin compensar.

Respuesta ante el escalón de los sistemas original y compensado (MATLAB)

```
% ***** Respuestas escalón unitario de sistemas
compensado
% y no compensado *****
```

```
numc = [1.0235 0.0512];
denc = [1 3.005 2.015 1.0335 0.0512];
num =[1.06];
den =[1 3 2 1.06];
t= 0:0.1:40;
c1 =step(numc,denc,t);
c2 =step(num,den,t);
plot(t,c1,'-',t,c2,'.')
grid
title('Respuesta a un escalón unitario de sistemas
compensado y no compensado')
xlabel('t Seg')
ylabel('Salidas c1 y c2')
```

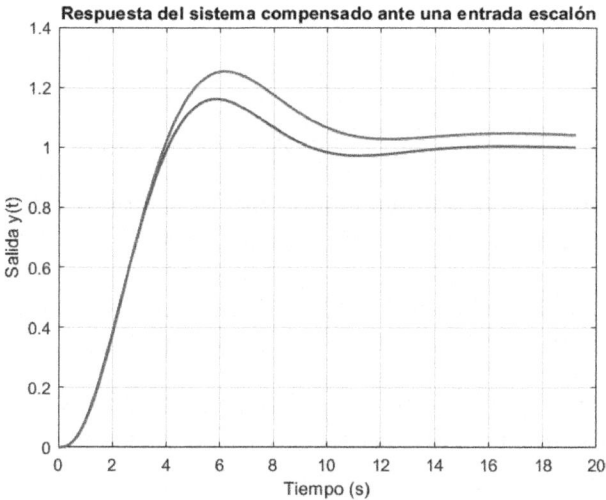

Figura 11.22: Respuesta ante un escalón unitario de los sistemas compensado y original.

11.5. Compensación en atraso - adelanto

Este tipo de compensación lo que hace es acelerar la respuesta e incrementar la estabilidad del sistema que se esté analizando.

Si se desea mejorar tanto la respuesta temporal como la respuesta en invariable, deben aplicarse al mismo tiempo un compensador de adelanto y un compensador de atraso. Cabe recalcar que es más económico utilizar únicamente un compensador de atraso-adelanto antes que hacerlo de forma individual cada uno de ellos.

Técnicas de compensación basadas en la ubicación de las raíces (atraso-adelanto)

Considere el siguiente sistema para un compensador de atraso-adelanto:

$$G_c(s) = K_c \frac{\beta}{\gamma} \frac{(T_1 s + 1)(T_2 s + 1)}{(\frac{T_1}{\gamma} s + 1)(\beta T_2 s + 1)} = K_c \left(\frac{s + \frac{1}{T_1}}{s + \frac{\gamma}{T_1}} \right) \left(\frac{s + \frac{1}{T_2}}{s + \frac{1}{\beta T_2}} \right)$$

Donde $\beta > 1$ y $\gamma > 1$. Además, debemos tener presente las siguientes situaciones

1. $\gamma \neq \beta$

2. $\gamma = \beta$

Para el primer caso donde se específica: $\gamma \neq \beta$

El diseño parte de la fusión del diseño de un compensador de adelanto, rigiéndonos a los pasos que se detallan a continuación:

1. Determinar la ubicación de los polos del sistema en lazo cerrado, los mismos que deben cumplir con las condiciones establecidas.

2. Usar la función de transferencia del sistema original en lazo abierto, para hallar la deficiencia del ángulo, tal cual como el diseño de un compensador de adelanto.

3. Asuma un valor de T_2 lo bastante grande como para que la magnitud de la parte de retardo se acerque en gran porcentaje a 1.

$$K = \left| \frac{s + \frac{1}{T_2}}{s + \frac{1}{\beta T_2}} \right|$$

4. Determine el valor de β que logre satisfacer a K_v, en caso que se nos específique como parte de las condiciones en la parte inicial.
   El valor de K_v lo obtenemos con la siguiente formula:

$$K_v = \lim_{s \to 0} s G_c(s) G(s)$$

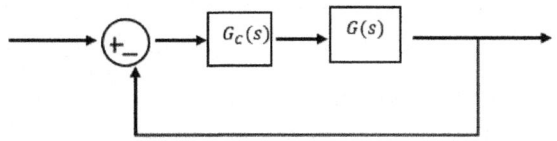

Figura 11.23: Sistema de control.

$$K_v = \lim_{s \to 0} sK_c \left(\frac{s + \frac{1}{T_1}}{s + \frac{\gamma}{T_1}} \right) \left(\frac{s + \frac{1}{T_2}}{s + \frac{1}{\beta T_2}} \right) G(s)$$

$$K_v = \lim_{s \to 0} sK_c \frac{\beta}{\gamma} G(s)$$

Capítulo 12

El control PID

12.1. Acciones de Control

En algoritmos de control, el regulador PID es el más popular, el más documentado y el más utilizado a nivel comercial e industrial. Dentro de su definición matemática resulta:

$$u(t) = K[e(t) + \frac{1}{T_i} \int_{-\infty}^{t} e(\tau)d\tau + T_d\frac{de}{dt}] + u_b$$

Debido a que existe parte integral, el término $\Delta e(t) = e(t)$, se forma esta igualdad. Por lo consiguiente, el regulador queda de la siguiente forma:

$$R(s) = K(1 + \frac{1}{T_i s} + T_d s)$$

Cuya condición para que las raíces del numerador sean valores reales es $T_i \geq 4T_d$, una representación paralela de nuestro PID es:

$$R(s) = K_P + \frac{K_I}{s} + K_D s$$

Donde:
K_P es la constante proporcional
K_I es la constante integral
K_D es la constante derivativa

Acción proporcional (P)

La acción proporcional es una mejora del control anterior. Actúa más cuanto mayor sea el error:

$$u(t) = K_R e(t) + u_b$$

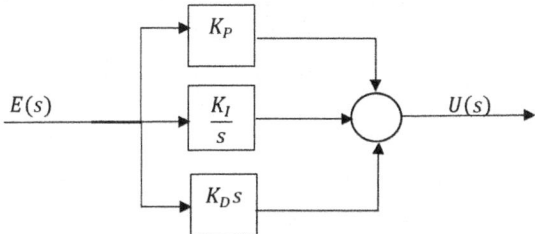

Figura 12.1: Sistema de Control.

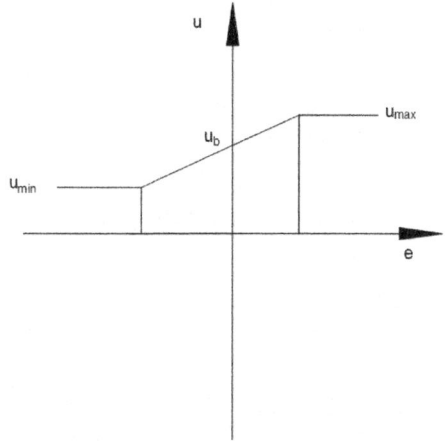

Figura 12.2: Acción proporcional.

La desviación u_b es ajustable, aunque normalmente se toma

$$u_b = \frac{u_{min} + u_{max}}{2}$$

Nótese que, cuando el error es muy grande, se comporta como un control todo - nada, por lo que, si el sistema está mal diseñado, entrará en modo oscilatorio. Al linealizar, la ecuación del controlador resulta:

$$u(t) = K_R e(t)$$

En el dominio de Laplace:

$$R(s) = K_R$$

Al variar K_R varían los polos del sistema realimentado, dentro de la zona definida por el lugar de las raíces. Puede existir error de posición en régimen permanente, si el sistema en bucle abierto es de tipo cero.

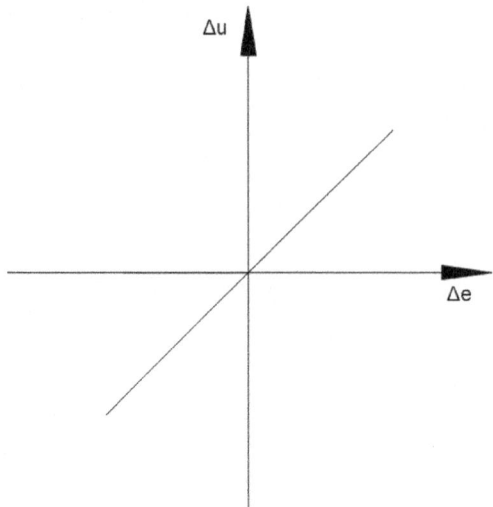

Figura 12.3: Acción proporcional.

De cara a ajustar el parámetro del controlador:

- Interesa K_R grande, para conseguir e_p pequeño ante entradas en la referencia y en la perturbación.

- Interesa K_R pequeño, para mejorar la dinámica y no amplificar el ruido.

Por tanto, en el diseño habrá que buscar siempre un compromiso entre especificaciones dinámicas y estáticas. Nótese que también podría interesar tener una versión de este regulador con zona muerta. Sin embargo, ello conduciría a un controlador no lineal, cuyo estudio se sale del objetivo de este libro.

Finalmente, y como ya se indicó en el capitulo de errores en régimen permanente, recuérdese que el error de partida debe ajustarse a cero para que el regulador funcione correctamente.

Acción integral (I)

La acción integral se utiliza para mejorar la precisión:

$$u(t) = K\left[e(t) + \frac{1}{T_i} \int_t^{-\infty} e(\tau)d\tau\right] + u_b$$

Es decir:

$$u(t) = K[e(t) + \frac{1}{T_i} \int_t^0 e(\tau)d\tau]$$

A este controlador se le conoce como regulador PI. Tiene dos parámetros ajustables: la constante proporcional K y la constante de tiempo integral T_i. El regulador elimina el error de posición, ya que sigue actuando mientras el error no sea nulo.

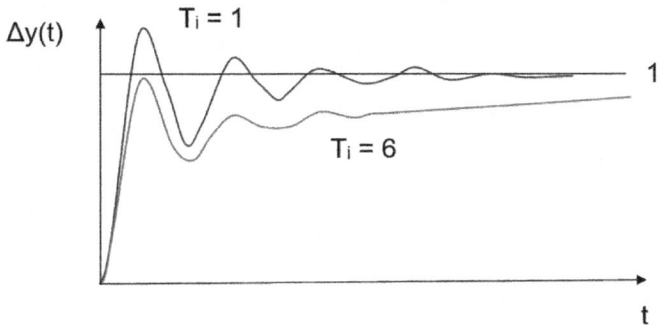

Figura 12.4: Acción integral.

Por este motivo, las señales de error absoluta e incremental coinciden, ya que ahora $e_0 = 0$. Sin embargo, hace más enérgica la acción de control, por lo que tiende a empeorar la dinámica. La función de transferencia del regulador se obtiene como:

$$U(s) = K(1 + \frac{1}{T_i s})e(s)$$

Es decir:

$$R(s) = K(1 + \frac{1}{T_i s})$$

De cara al posterior ajuste de los parámetros de regulador, resulta mucho más cómodo que aparezcan explícitamente los polos y ceros del regulador:

$$R(s) = K\frac{s + \frac{1}{T_i}}{s}$$

Por lo que se suele expresar de la forma siguiente:

$$R(s) = K_R\frac{s + a}{s}$$

247

Acción derivativa (D)

La acción derivativa se utiliza para mejorar la dinámica:

$$u(t) = K(e(t) + T_d \frac{de}{dt}) + u_b$$

Es decir:

$$u(t) = K[e(t) + T_d \dot{e}(t)]$$

Donde T_d es la constante de tiempo derivativa de este regulador PD. Obsérvese que el regulador P deja de actuar cada vez que el error pasa por cero, mientras que aquí no es así.

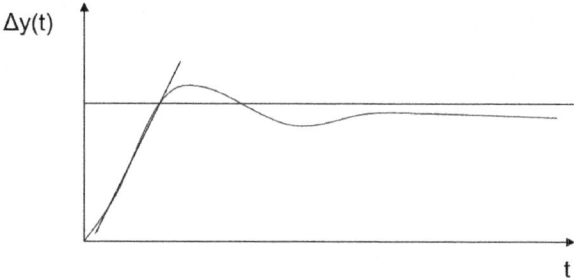

Figura 12.5: Acción derivativa.

La parte derivativa se anticipa, actuando como un predictor:

$$e(t + T_d) = e(t) + T_d \dot{e}(t) + \frac{1}{2!} T_d \ddot{e}(t) + \dots$$

Por lo que:

$$u(t) \approx K e(t + T_d)$$

Aplicando la transformada de Laplace, se obtiene:

$$U(s) = K(1 + T_d s)e(s)$$

Es decir:

$$R(s) = K(1 + T_d s)$$

También aquí se prefiere, de cara al ajuste de los parámetros del regulador, utilizar la expresión alternativa

$$R(s) = KT_d(s + \frac{1}{T_d})$$

Esto es:

$$R(s) = K_R(s + b)$$

Obsérvese que se trata de un regulador no realizable físicamente. Además, la adición de este cero en bucle abierto estabilizará el sistema realimentado.

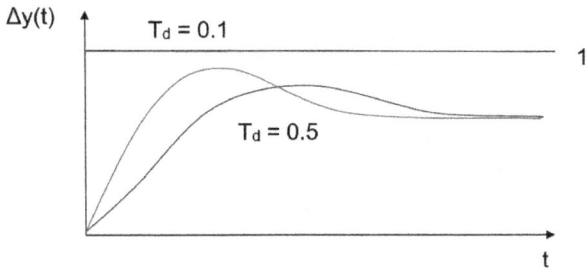

Figura 12.6: Acción derivativa.

12.2. Ajuste de controladores PID

Para realizar el ajuste de nuestros reguladores PID tenemos dos procedimientos: método empírico y método analítico.

Método Experimental

Es aquel que permite el cálculo numérico moderado para los distintos parámetros de que consta un regulador PID.

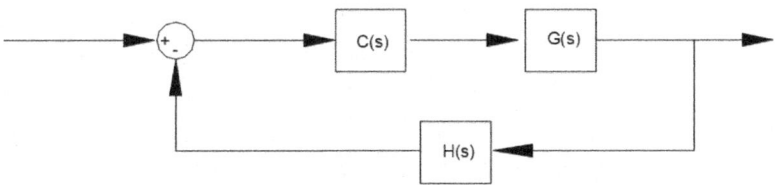

Figura 12.7: Diagrama de bloques de ajuste experimental.

Métodos de Ziegler - Nichols para Ajuste Experimental

Método I

El primer método para realizar el ajuste se trabaja en bucle abierto y es ideal para sistemas sobreamortiguados ($\xi > 1$).

Figura 12.8: Control en lazo abierto para aplicar el I método Z-N.

A este sistema que está en bucle abierto le damos una respuesta escalón unitario y con la gráfica resultante obtenemos los valores de T_u y T_a.

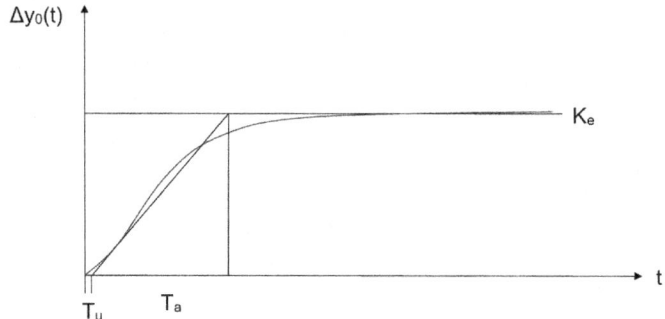

Figura 12.9: Respuesta del sistema ante escalón unitario.

Una vez que hemos hallado los datos experimentales y hemos convertido nuestro sistema en lazo cerrado, utilizamos la tabla que se nos indica y con ello obtenemos los parámetros para nuestro regulador, el cual tendrá un comportamiento dinámico razonable.

Tabla 12.1: Método I: Valores de K, T_i y T_d.

	K	T_i	T_d
P	$\dfrac{1}{K_e}\dfrac{T_a}{T_u}$	-	-
PI	$\dfrac{0.9}{K_e}\dfrac{T_a}{T_u}$	$3.33T_u$	-
PID	$\dfrac{1.2}{K_e}\dfrac{T_a}{T_u}$	$2T_u$	$0.5T_u$

En esta configuración de nuestro PID, un caso general es que las constantes de tiempo $T_i = 4T_d$, dando lugar a un cero doble en la función de transferencia.

No siempre es aplicable este método, ya que debemos realizar un lazo abierto a nuestro sistema. Otro problema es que no todos los sistemas en lazo abierto son sobreamortiguados.

Método II

Lo aplicaremos a sistemas en lazo cerrado, subamortiguados $(0 < \xi < 1)$ e inestables.

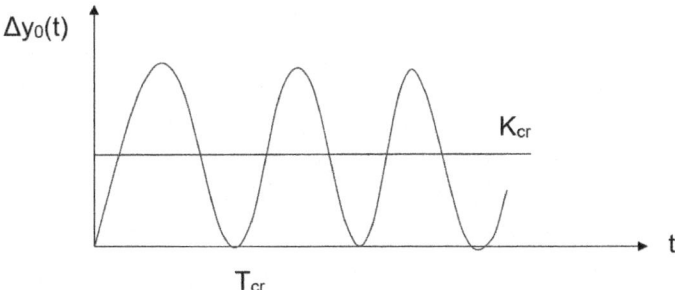

Figura 12.10: Respuesta del sistema ante escalón unitario.

Al K_{cr} lo denominamos así debido a que es el valor crítico con el cual nuestro sistema entra en una condición oscilatoria necesaria para poder hallar nuestro T_{cr}, que no es más que el periodo de las oscilaciones sostenidas, se recomienda tener al menos tres oscilaciones constantes si el sistema no se vuelve oscilatorio completamente.

Tabla 12.2: Método II: Valores de K, T_i y T_d.

	K	T_i	T_d
P	$0.5K_{cr}$	-	-
PI	$0.45K_{cr}$	$0.85T_{cr}$	-
PID	$0.6K_{cr}$	$0.5T_{cr}$	$0.125T_{cr}$

12.2.1. Ajuste analítico de controladores PID por asignación de polos

Para este control vamos a suponer que tenemos el modelo matemático (función de transferencia) que representa nuestro proceso real y que esta FT es de segundo orden:

$$G(s) = \frac{K \cdot w_n^2}{s^2 + 2\zeta w_n s + w_n^2}$$

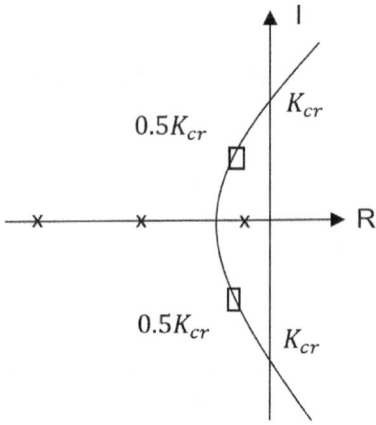

Figura 12.11: Plano complejo.

Donde K es la ganancia del sistema, w_n es la frecuencia natural del sistema, ζ es el factor de amortiguamiento.

Vamos a utilizar la ecuación del controlador PID en paralelo. (Nota: Es la que se utiliza en el libro.)

$$C(s) = K_p + \frac{K_i}{s} + K_d s$$

Normalizando la ecuación del controlador:

$$C(s) = \frac{K_d s^2 + K_p s + K_i}{s}$$

Asignamos ambas funciones de transferencia $G(s)$ y $C(s)$ a variables que representan polinomios, de la siguiente forma:

$$G(s) = \frac{K w_n^2}{s^2 + 2\zeta w_n s + w_n^2} = \frac{k}{s^2 + as + b} = \frac{A}{B}$$

$$C(s) = \frac{K_d s^2 + K_p s + K_i}{s} = \frac{d_2 s^2 + d_1 s + d_0}{s} = \frac{D}{E}$$

Donde sabemos que la función de transferencia de lazo cerrado viene dado por:

$$H(s) = \frac{C(s) \cdot G(s)}{1 + C(s)G(s)}$$

Reemplazando y simplificando:

$$H(s) = \frac{\frac{D}{E}\frac{A}{B}}{1 + \frac{D}{E}\frac{A}{B}} = \frac{DA}{EB + DA}$$

Ahora solo nos resta reemplazar los valores de los polinomios:

$$H(s) = \frac{(d_2 s^2 + d_1 s + d_0)k}{s(s^2 + as + b) + (d_2 s^2 + d_1 s + d_0)k}$$

$$H(s) = \frac{k(d_2 s^2 + d_1 s + d_0)}{s^3 + (a + kd_2)s^2 + (b + kd_1)s + kd_0}$$

Llegamos a una función de transferencia de tercer orden. Ahora solo nos falta asignar los polos a nuestro controlador para que la función de transferencia $H(s)$ se comporte como nosotros queremos. Para eso definiremos una ecuación característica dominante de segundo orden.

$$P_d(s) = s^2 + h_1 s + h_2$$

$P_d(s)$ es el polinomio o ecuación característica deseada. Contiene los dos polos dominantes que van a gobernar la dinámica de mi sistema. Notemos que como en $H(s)$ tenemos una función de transferencia de **tercer** orden, deberemos completar el polinomio deseado con un polo rápido (p_1) (bien alejado del eje imaginario), el cual será un polo insignificante que no afectará mucho al comportamiento dado por los dos polos dominantes.

$$P_d(s) = (s^2 + h_1 s + h_2)(s + p_1)$$

Hacemos el producto de los polos y así llegamos a una ecuación característica deseada:

$$P_d(s) = s^3 + \alpha_1 s^2 + \alpha_2 s + \alpha_3$$

Entonces se toman las dos ecuaciones características (denominador) de $H(s)$ y de $P_d(s)$ y se las iguala. Con esto se puede determinar cuales serán nuestras contantes K_p, K_i, K_d.

$$s^3 + (a + kd_2)s^2 + (b + kd_1)s + kd_0 = s^3 + \alpha_1 s^2 + \alpha_2 s + \alpha_3$$

Igualando coeficientes:

$$a + kd_2 = \alpha_1$$

$$b + kd_1 = \alpha_2$$

$$kd_0 = \alpha_3$$

Reemplazando valores del controlador:

$$a + k \cdot K_d = \alpha_1$$

$$b + k \cdot K_p = \alpha_2$$

$$k \cdot K_i = \alpha_3$$

Resolviendo:

$$K_p = \frac{\alpha_2 - b}{k}$$

$$K_i = \frac{\alpha_3}{k}$$

$$K_d = \frac{\alpha_1 - a}{k}$$

Ejemplo

Realice la sintonización del controlador PID de la siguiente función de transferencia aplicando la asignación de polos:

$$G(s) = \frac{0.0007}{s^2 + 0.02481s + 0.0003375}$$

Las condiciones de diseño:

- Tiempo de establecimiento de 250 segundos

- Sobrepico del 5 %

Solución:

Datos:

$$t_s = 250 \ s$$

$$M_p = 5\,\%$$

El factor de amortiguamiento es:

$$M_p = 100e^{\frac{-\pi\zeta}{\sqrt{1-\zeta^2}}}$$

Despejando ζ y sustituyendo valores:

$$\zeta = \sqrt{\frac{log(\frac{M_p}{100})^2}{\pi^2 + log(\frac{M_p}{100})^2}} = 0.6671$$

Estableciendo la tolerancia permitida en el estacionario como 2 %, podremos determinar la frecuencia natural del sistema:

$$w_n = \frac{4}{\zeta t_s} = 0.02398$$

Con estos datos podemos montar nuestra función de transferencia de lazo cerrado deseada, que tiene los polos ubicados justo donde queremos para que el sistema tenga el comportamiento deseado. Suponiendo que la ganancia K es igual a 1.

$$G(s) = \frac{K w_n^2}{s^2 + 2\zeta w_n s + w_n^2}$$

$$G(s) = \frac{0.0005750}{s^2 + 0.03199s + 0.0005750}$$

Ecuación caracteristica:

$$P*_d = s^2 + 0.03199s + 0.000575$$

Con los siguientes polos complejos conjugados:

$$p_{1,2} = -0.015995 \pm 0.01787j$$

Se escoge un polo no dominante 10 veces más alejado de los polos complejos conjugados:

$$p_3 = 10Real(-0.015995 \pm 0.01787j) = -0.15995$$

La ecuación característica deseada de tercer orden viene dada por:

$$P_d = (s^2 + 0.03199s + 0.000575)(s + 0.15995)$$

$$P_d = s^3 + 0.19194s^2 + 0.0056918s + 0.00009198$$

Igualando los coeficientes:

$$s^3 + (a + kd_2)s^2 + (b + kd_1)s + kd_0 = s^3 + 0.19194s^2 + 0.0056918s + 0.00009198$$

Se tiene que los parámetros del control PID por asignación de polos, resolviendo el sistema de ecuaciones, son:

$$K_d = \frac{0.1919 - 0.02481}{0.0007} = 238.7$$

$$K_p = \frac{0.0056918 - 0.0003375}{0.0007} = 7.65$$

$$K_i = \frac{0.00009198}{0.0007} = 0.1314$$

Por tanto el controlador resulta ser:

$$C(s) = \frac{238.7s^2 + 7.65s + 0.1314}{s}$$

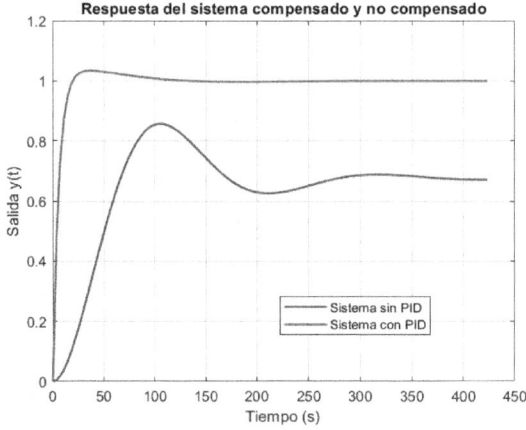

Figura 12.12: Sistemas realimentados sin y con controlador PID sintonizado.

Bibliografía

[1] F. Matía, R. A. (2014). Teoría de sistemas (cuarta ed.). Madrid: Dextra Editorial S.L.

[2] Hernández, R. (2010). *Introducción a los sistemas de Control: Conceptos, aplicación y simulación con MATLAB (primera ed.)*. México: Pearson Education.

[3] Ogata, K. (2010). Ingeniería de control moderna (Quinta ed.). Madrid. Pearson Education.

[4] Kuo, B. C. (1996). Sistemas de control automático. Mexico: Prentice-Hall Hispanoamericana, S.A.

[5] Bolton , W. (2006). Mecatrónica. Sistemas de control electrónico en la ingeniería mecánica y eléctrica (tercera ed.). Mexico: Alfaomega Grupo Editor, S.A.

[6] Dorf, R. C., y Bishop, R. H. (2016). *Modern Control Systems* (13th ed.). Pearson.

[7] Franklin, G. F., Powell, J. D., & Emami-Naeini, A. (2014). *Feedback Control of Dynamic Systems* (7th ed.). Pearson.

[8] Åström, K. J., & Murray, R. M. (2008). *Feedback Systems: An Introduction for Scientists and Engineers*. Princeton University Press.

[9] Goodwin, G. C., Graebe, S. F., & Salgado, M. E. (2001). *Control System Design*. Prentice Hall.

[10] Nise, N. S. (2015). *Control Systems Engineering* (7th ed.). Wiley.

[11] Friedland, B. (2005). *Control System Design: An Introduction to State-Space Methods*. Dover Publications.

[12] Lewis, F. L., Dawson, D. M., & Abdallah, C. T. (1999). *Control of Robot Manipulators*. Macmillan.

[13] Smith, J. (2010). *Dynamic Modeling of Mechanical Systems*. Springer.

[14] Wang, L., & Chen, Y. (2015). *System Dynamics: Modeling, Simulation, and Control of Mechatronic Systems*. Wiley.

[15] Palm, R. (2018). *Modeling, Analysis, and Control of Dynamic Systems*. Wiley.

[16] Jalali, A. (2012). *Dynamic Modeling and Control of Engineering Systems*. CRC Press.

[17] Karnopp, D. (2005). *System Dynamics: A Unified Approach*. Wiley.

[18] Ogata, K. (2009). *System Dynamics*. Pearson.

[19] Chopra, A. K. (2010). *Dynamics of Structures: Theory and Applications to Earthquake Engineering*. Pearson.

[20] Spong, M. W., Hutchinson, S., & Vidyasagar, M. (2005). *Robot Modeling and Control*. Wiley.

[21] Chopra, A. K. (2011). *Dynamics of Structures: Theory and Applications to Earthquake Engineering* (2nd ed.). Pearson.

[22] Williams, D. (2014). *Modeling and Analysis of Dynamic Systems* (3rd ed.). Wiley.

[23] Martínez, A., & Rodríguez, B. (2017). *Ecuaciones Diferenciales: Teoría y Aplicaciones*. Editorial Síntesis.

[24] Coddington, E. A., & Levinson, N. (2014). *Teoría de las Ecuaciones Diferenciales Ordinarias*. Limusa.

[25] Blanchard, P., Devaney, R. L., & Hall, G. (2012). *Ecuaciones Diferenciales con Aplicaciones de Modelado*. Cengage Learning.

[26] Braun, M. (2015). *Ecuaciones Diferenciales y sus Aplicaciones*. McGraw-Hill.

[27] Fernández, J. (2019). *Introducción a las Ecuaciones Diferenciales Ordinarias*. Ediciones Paraninfo.

[28] Chen, Z., & Wang, L. (2017). Advancements in PID Controller Tuning Techniques. *Journal of Control Engineering*, 24(3), 345-362.

[29] Kim, J., & Lee, S. (2015). A Comprehensive Review of PID Control in Industrial Applications. *IEEE Transactions on Control Systems Technology*, 42(6), 789-804.

[30] Garcia, M., & Martinez, A. (2018). Robustness Analysis of PID Controllers in Nonlinear Systems."*Automatica*, 36(4), 512-528.

[31] Li, H., & Zhang, Q. (2019). Recent Developments in PID Controller Design for Uncertain Systems."*Journal of Process Control*, 51, 45-62.

[32] Wang, Y., & Liu, X. (2016). Adaptive PID Control for Time-Delay Systems: A Comprehensive Review. *International Journal of Control*, 28(2), 201-218.

[33] Zhang, W., & Yang, J. (2014). "Tuning PID Controllers for Multivariable Processes: A Comparative Study."*Journal of Systems and Control*, 18(1), 87-104.

[34] Park, S., & Kim, H. (2013). "PID Controller Design for Nonlinear Systems: Challenges and Solutions."*Journal of Dynamic Systems, Measurement, and Control*, 21(4), 345-362.

[35] Liu, Y., & Li, X. (2018). Optimal PID Controller Tuning for Improved Performance in Complex Systems. *Automatica*, 45(5), 601-618.

[36] Chen, Q., & Wang, J. (2015). Enhancing PID Controller Performance through Adaptive Tuning Strategies. *IEEE Transactions on Industrial Electronics*, 37(2), 212-228.

[37] Yang, L., & Zhang, S. (2017). "PID Controller Tuning for Systems with Time-Delay: A Comparative Analysis."*Control Engineering Practice*, 32, 112-128.

Acceda a www.marcombo.info
para descargar gratis
el regalo que hemos preparado para usted

Código: CONTROL24